"湖北省大冶市铜绿山矿区外围铜铁矿普查"项目资助
"长江中下游铁铜成矿带鄂东南矿集区深部探测与深部找矿"项目资助
"鄂东南矿集区战略性矿产深部找矿理论与技术方法应用创新"项目资助

湖北省大冶市铜绿山-铜山铜铁金矿床三维地质结构与深部定位预测

HUBEI SHENG DAYE SHI TONGLÜSHAN – TONGSHAN TONG TIE JIN KUANGCHUANG
SANWEI DIZHI JIEGOU YU SHENBU DINGWEI YUCE

谭　俊　吴昌雄　赵岩岩　徐江嫚　刘冬勤
魏克涛　刘红亮　陈松林　吴　飞　石文杰　编著
徐　玮　杨伟卫　蔡恒安　尚世超　李　欢
杨　幼　徐富文　刘　敏　闫　芳　陈　耀

中国地质大学出版社
ZHONGGUO DIZHI DAXUE CHUBANSHE

图书在版编目(CIP)数据

湖北省大冶市铜绿山-铜山铜铁金矿床三维地质结构与深部定位预测/谭俊等编著.—武汉:中国地质大学出版社,2021.12
ISBN 978-7-5625-5220-8

Ⅰ.①湖…
Ⅱ.①谭…
Ⅲ.①铜矿床-三维-地质模型-建立模型-研究-大冶 ②铁矿床-三维-地质模型-建立模型-研究-大冶
Ⅳ.①P168.410.2 ②P618.310.2

中国版本图书馆 CIP 数据核字(2021)第 270958 号

湖北省大冶市铜绿山-铜山铜铁金矿床三维地质结构与深部定位预测	谭 俊 等编著

责任编辑:唐然坤　王凤林	选题策划:唐然坤	责任校对:张咏梅
出版发行:中国地质大学出版社(武汉市洪山区鲁磨路 388 号)		邮编:430074
电　　话:(027)67883511	传　　真:(027)67883580	E-mail:cbb@cug.edu.cn
经　　销:全国新华书店		http://cugp.cug.edu.cn
开本:787 毫米×1092 毫米　1/16	字数:199 千字	印张:7.75
版次:2021 年 12 月第 1 版	印次:2021 年 12 月第 1 次印刷	
印刷:广东虎彩云印刷有限公司		
ISBN 978-7-5625-5220-8		定价:88.00 元

如有印装质量问题请与印刷厂联系调换

前 言

矿产资源快速预测与勘查评价是支撑国民经济可持续发展的基础工作之一，也是保障国家资源安全底线、充实资源家底的重要举措。我国战略性矿产资源长期供应短缺，如富铁和铜矿产对外依存度近80%，且进口来源结构单一，极易受到国外相关进口的"卡脖子"威胁，同时黄金年生产-需求缺口将近400t，但国际黄金价格却一路飙升，严重威胁国家经济安全。

湖北是我国的矿产资源大省，已发现矿产150多种，其中已查明矿产资源量的有91种，每年矿产资源相关产业GDP总贡献率占全省约25%。随着多年的勘探与开采，湖北省内多数矿山浅部资源几乎消耗殆尽，因此开展深部找矿是一项迫在眉睫的重大任务。铜绿山矿田是湖北省内最大的铜铁金矿田，位于鄂东南矿集区西侧，累计查明金、铜金属量分别为194t和237万t，分别占省内累计查明资源量的49%和44%，且铁银储量也达到大型规模。但铜绿山矿田除了鸡冠咀-桃花嘴和铜绿山矿床局部地段勘查深部超过1500m外，大部分地区勘查深度均在800m以浅，与同属长江中下游成矿带的庐枞、铜陵等地区2000余米的勘查深度相差甚远。

当前深部隐伏矿找矿首先面临的技术难题就是示矿信息微弱且与背景噪声混杂而难以分辨。传统勘查技术手段强调地质异常有无或强弱与目标体的依存关系，显然其在深地资源探测方面存在较大的局限性。本书针对深部找矿新技术方法创新和资源增储的迫切需求，选取矿田内铜绿山-铜山典型矽卡岩型铜铁金矿床作为重点对象，在成矿地质条件分析的基础上，利用三维可视化技术进行了详细的立体成矿规律与找矿预测研究；分层次构建了三维地质体实体模型、三维地球化学和三维地球物理块体模型；在此基础上对关键成矿要素和找矿信息进行了综合分析，优化提取了侵入接触面缓冲、蚀变带缓冲、地球化学因子和重磁异常梯度带缓冲共4种预测要素，选用特征分析法构建了三维综合信息预测模型，进行了立体找矿预测，应用模型在深部圈定4处找矿靶区，将铜绿山-铜山铜铁金矿床的预测评价研究拓展到三维空间；对两个靶区进行了钻探工程验证，扩大了深部矿体的规模，同时圈定了新的矿体；并根据综合信息模型提出铜绿山矿区深部还存在第三找矿空间，有望拓展近1000m的找矿空间。

本书研究内容是笔者所在团队近几年针对铜绿山-铜山铜铁金矿床开展三维立体找矿预测部分研究成果的归纳总结。笔者也期望本书所采用的三维立体找矿预测能为湖北省内其他类似地区的深部找矿勘查提供示范，以充实战略性矿产资源储备。书中除引用了已注明公开发表和出版的论文、专著外，还引用了大量前人在鄂东南地区完成的区域地质调查、矿产勘查、矿山开采利用、地质专题研究、物探和化探资料等成果,后者由于未公开出版没有列入本书的参考文献目录,在此向早期地质工作者表示歉意。在此,对给本书和研究过程中提供帮助的所有同志和单位一并表示谢意!

由于时间紧张以及笔者水平有限,书中难免存在疏漏,欢迎读者批评指正,共同推动鄂东南地区的深部找矿工作。

笔 者

2021 年 12 月

目 录
CONTENTS

1 绪论 …………………………………………………………………………（1）
   1.1 研究背景与意义 ………………………………………………………（1）
   1.2 研究区范围及自然地理条件 …………………………………………（2）
   1.3 研究进展及存在的问题 ………………………………………………（3）
   1.4 研究内容及技术路线 …………………………………………………（11）
   1.5 取得的主要成果和认识 ………………………………………………（13）

2 区域成矿地质背景 ………………………………………………………（14）
   2.1 大地构造背景 …………………………………………………………（14）
   2.2 区域地层 ………………………………………………………………（14）
   2.3 区域构造 ………………………………………………………………（17）
   2.4 区域岩浆岩 ……………………………………………………………（18）
   2.5 区域矿产 ………………………………………………………………（20）

3 矿区地质特征 ……………………………………………………………（21）
   3.1 地　层 …………………………………………………………………（22）
   3.2 构　造 …………………………………………………………………（24）
   3.3 岩浆岩 …………………………………………………………………（26）

4 矿体特征及控矿因素 ……………………………………………………（31）
   4.1 矿体特征 ………………………………………………………………（31）
   4.2 矿石特征 ………………………………………………………………（38）
   4.3 围岩蚀变 ………………………………………………………………（40）
   4.4 成矿期次 ………………………………………………………………（42）
   4.5 控矿因素与成矿规律 …………………………………………………（43）

5 数据采集与三维地质数据库建设 ………………………………………（46）
   5.1 资料收集与整理 ………………………………………………………（46）
   5.2 三维数据库构建 ………………………………………………………（48）
   5.3 错误检查与修改 ………………………………………………………（54）
   5.4 三维空间钻孔显示 ……………………………………………………（55）

6 矿床三维地质模型构建 …………………………………………………（57）
   6.1 三维模型的构建方法 …………………………………………………（57）

  6.2 矿床三维地质建模 …………………………………………………………… (58)
  6.3 三维地质模型分析 …………………………………………………………… (71)
7 三维地球化学-地球物理块体模型构建 ………………………………………… (74)
  7.1 块体模型构建方法 …………………………………………………………… (74)
  7.2 三维地球化学块体模型 ……………………………………………………… (76)
  7.3 三维地球物理块体模型 ……………………………………………………… (78)
8 立体找矿信息提取与预测要素厘定 ……………………………………………… (86)
  8.1 预测要素与矿体定位关系 …………………………………………………… (86)
  8.2 预测要素选择 ………………………………………………………………… (92)
9 立体找矿预测及靶区圈定 ………………………………………………………… (94)
  9.1 预测方法选择 ………………………………………………………………… (94)
  9.2 预测变量二值化赋值和权系数的确定 ……………………………………… (96)
  9.3 三维综合预测模型构建 ……………………………………………………… (99)
  9.4 靶区优选及勘查部署建议 …………………………………………………… (100)
  9.5 靶区验证情况 ………………………………………………………………… (108)
10 成果认识与存在问题 ……………………………………………………………… (110)
  10.1 认识与成果 ………………………………………………………………… (110)
  10.2 主要存在问题 ……………………………………………………………… (111)
参考文献 ……………………………………………………………………………………… (112)

1 绪 论

1.1 研究背景与意义

战略性矿产资源是保障国家资源安全的核心和关键,对国民经济、国防科技和新兴产业等发展至关重要。当前,我国经济发展进入新常态,并保持中高速增长。而铜铁金等对国民经济发展具有重要影响的紧缺矿产资源,需求总量仍长期保持高位,国内资源保障程度不足,对外进口依存度大,在制约经济发展同时也使资源安全面临挑战。湖北省矿产资源种类齐全,尤以鄂东南地区铜铁金资源蕴藏最为丰富,但其浅部矿产资源几乎消耗殆尽,如何推进该地区深部矿产勘查、实现找矿进展与突破、保障资源持续有效供给、提升优势矿种对经济发展的支撑能力,是当前地质找矿工作所面临的紧迫任务与挑战。

鄂东南矿集区为长江中下游成矿带的重要矿集区之一。铜绿山矿田是该矿集区最大的内生铜铁金矿田,构造位置为鄂城-大幕隆起带的轴部,姜桥-下陆断裂的中段,大冶湖向斜的南翼,阳新岩体的西北端,处于鄂东南三角形构造-岩浆岩区的中心部位。矿田内断裂发育,形成自深至浅的网络系统,为岩浆活动、成矿热液的输送储存提供了有利的条件。截至2020年底,矿田内累计查明金金属量194 t,铜金属量235万 t,分别占比湖北省累计查明金和铜资源量的49%、44%,此外铁、钼、银、硫等资源量也达到大中型矿床级别。但是随着多年的勘探与开采,资源保有量锐减,开展深部找矿成为目前矿业开发迫切的需求。

在全球浅部资源逐渐枯竭的形势下,创新深部找矿理论与技术方法应用、开展深地资源勘查开发已经成为地球科学领域研究的前沿和重点。开辟第二甚至第三找矿空间,既是响应国家向地球深部进军的战略举措,也是增加重要矿产资源战略储备、提高资源保障能力的必然选择,对我国现代化发展和跨越式发展具有重要意义(翟裕生等,2004;赵鹏大,2007;滕吉文,2009)。然而,目前在深地资源探测方面还存在诸多问题,如示矿信息微弱且与背景噪声混杂而难以分辨等,仅依赖传统的找矿方法很难实现对深部矿体的准确定位预测,因此需要利用新技术、新方法来使深部找矿工作更高效、更准确。三维可视化地质建模技术以地质大数据集成运算作为目前深地资源探测的重要技术手段,被广泛应用于矿山的"攻深找盲"工作,有助于从深层次挖掘有效找矿信息,以便从地质结构角度总结成矿规律,进而为矿山深部找矿预测工作提供有力支撑。立体找矿预测是在三维地质建模基础上,综合地质-地球物理-地球化学等多元数据信息,开展三维找矿信息分析与归纳,开展三维数据融合及预测评价,对于深部矿产资源探测工作具有重要的指导意义。

铜绿山-铜山铜铁金矿床是鄂东南地区典型的矽卡岩型矿床，矿床成矿地质条件优越，地质勘查开发程度高，积累了大量的基础地质、探采和科研资料。近年来，随着深部找矿工作的进行，深部也发现隐伏矿体，表明深部存在成矿地质事实并显示出巨大找矿潜力。但以往前人对深部找矿预测研究薄弱，仅在20世纪90年代开展过1000m以浅地质结构探测和立体填图，对深部矿体的定位规律把握不够，制约了深部找矿的进一步突破。

本书以铜绿山-铜山铜铁金矿床为研究对象开展三维地质建模与综合找矿预测研究，通过总结成矿地质条件，分析深部成矿潜力，构建三维地质数据库，建立三维地质体实体模型、三维地球化学模型以及三维地球物理模型，实现对三维空间地质结构的可视化表达；对找矿地质异常进行分析与提取，开展基于特征分析法的综合找矿预测，从而为铜绿山-铜山铜铁金矿床深部找矿与勘查工作提供技术支撑，将找矿预测评价研究拓展到三维立体空间。

1.2 研究区范围及自然地理条件

1.2.1 位置与交通

研究区位于大冶市城区西南约3km，隶属大冶市金湖街道办事处，北起许家咀，南至铜山，西起鸡冠咀—桃花嘴，东至大冶湖，面积4km²。106国道和武(昌)-九(江)铁路分别从研究区东北方向通过，距研究区约3km，交通十分便利(图1-1)。

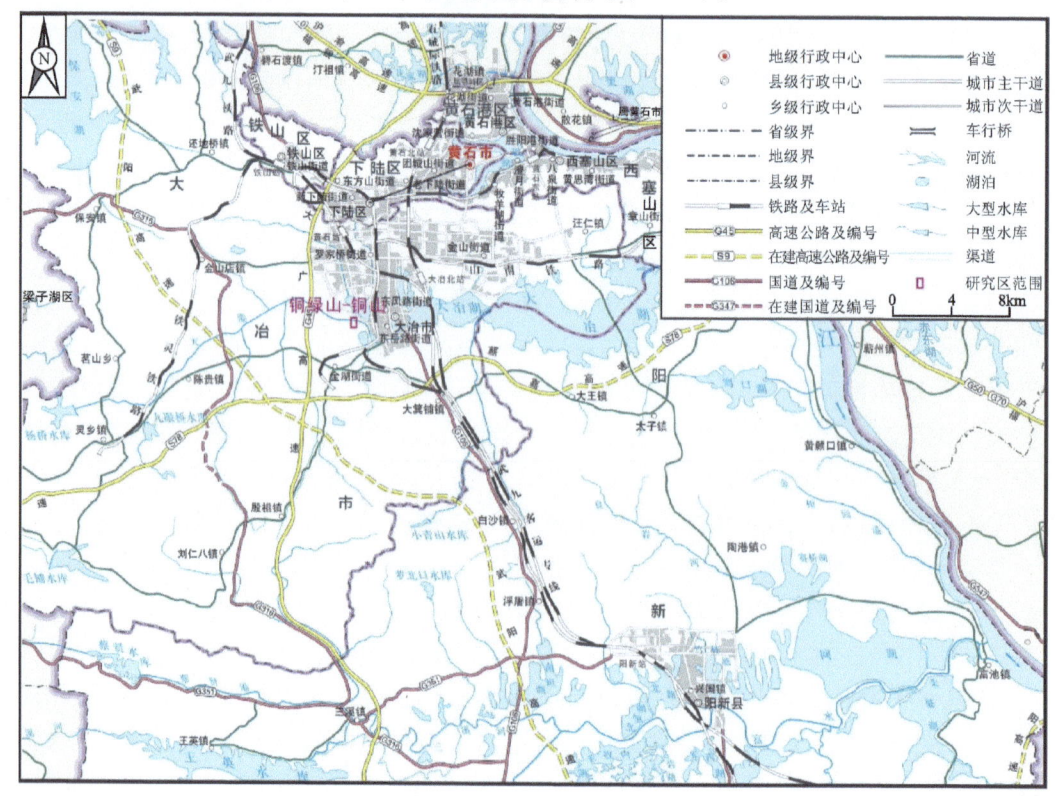

图1-1 研究区交通位置图

1.2.2 自然地理与经济状况

研究区为丘陵区,地形起伏不大,位于大冶湖洪积区,地形平坦,海拔一般为 17.0~49.8m。研究区所在的大冶地区为中纬度亚热带大陆性气候区,区内气候冬冷夏热,四季分明,雨量充沛。大冶地区气温最高月份是 7 月,平均气温为 29.2℃;气温最低月份为 1 月,平均气温为 3.9℃;年平均气温为 17℃。区内大气降水季节性明显,每年 3 月下旬至 8 月中旬为雨季,年降水量在 1 260.0~1 445.9mm 之间。区内西部为青山河,向北汇入中心河(红旗渠);北部为中心河,向东汇入大冶湖。中心河河床底海拔为 14.57m,为当地最低侵蚀基准面。

研究区及周边地区以矿产品开发和农业为主要经济来源。区内矿产资源十分丰富,金属矿产以铜、金、铁为主,非金属矿产以水泥原料为主。区内采矿历史悠久,矿山选冶条件良好,设备充裕,技术先进,矿产品生产和开发是当地主要的税收来源。区内农业以种植水稻、小麦、红薯等粮食作物为主,经济作物有蔬菜、花生、棉花、芝麻等。农业收入占当地总收入的 40% 左右。研究区地处大冶市城乡结合部位,劳动力资源充沛。马叫变电站距研究区约 3.5km,罗桥变电站距研究区约 5km,电力资源丰富。大冶湖中心河从研究区东部通过,河内终年水流不断,可以作为矿山开采和探矿的工业水源。

1.3 研究进展及存在的问题

1.3.1 三维地质建模研究进展

随着计算机模拟和可视化技术、数学地质及空间分析方法的发展与运用,矿产勘查逐步走向数字化和定量化,越来越多基于多源地学信息融合的定量找矿预测模型被应用于科学研究和找矿实践中,为分析地质要素、勘查数据和成矿之间的相关性提供了极大便利。三维地质建模是一项涉及地质勘探、地球物理、数理概率统计、近似计算图形学等学科和技术的综合应用技术,它综合运用了计算机技术和地质理论,将空间信息管理、地质解释、地质三维空间分析与找矿预测、地质统计学与图形可视化相结合,在虚拟三维空间中,研究分析地质体的空间位置、形态、地质体与地质界面的关系以及地质体内部属性等地质信息(李青元等,2016)。三维地质模型与传统的信息显示方式相比,更加直观、灵活、易于被接受,通过这种方式可以帮助发现以往利用二维可视化成果难以获得的信息。目前,三维地质建模技术已广泛应用于矿产储量估算、采矿设计与信息管理、城市地下空间信息管理、地下空间结构研究、数字地质三维绘图等领域。

自 20 世纪 90 年代以来,三维地质建模受到越来越多的关注,它是地学信息三维可视化的核心。加拿大学者 Houlding 于 1994 年首次提出三维建模的概念(Houlding,1994)。起初三维模型的构建主要是针对数据模型,由于当时各种理论和条件的限制,三维建模技术的发展非常缓慢。后来,许多学者在空间数据结构模型领域、数据三维可视化领域不断取得突破,开始推动三维建模理论的快速发展。到 20 世纪 90 年代末,计算机存储和计算功能的大幅提高及计算机图形学技术的迅速发展,推动了三维地质建模理论和技术的又一次进步。Houlding(2000)结合地质建模研究了规则三维格网(regular 3D grid)、不规则块体(irregular block)、剖面(section)和体(volume)的数据结构，系统地建立了三维地质建模理论。此后，众多学者相继对三维地质建模进行了大量的研究，使地质三维建模与可视化技术得到了飞速发展，并进入实用化阶段(Jessell，2001；Cengiz et al.，2006；Liu et al.，2012；Li et al.，2015)。

随着建模理论和建模技术的不断发展，国内外研发了一大批优秀的三维地质建模软件。其中比较有名的包括：①国外的有法国的GOCAD和Surpac(全称Geovia Surpac)、澳大利亚的MICROMINE、英国的Datamine、美国的Earth Vision、加拿大的MicroLYNX以及瑞典的GeoVisionary等；②国内的有北京三地曼矿业软件科技有限公司开发的3DMine，中国地质科学院研发的Minexplorer等。这些软件目前已被广泛应用于地质工作中，为三维建模在地学领域的应用提供了技术支持，有效地推动了深部找矿工作的进行，取得了许多具有重要意义的成果。

国外对三维建模技术的应用相对较早，许多国家很早就开始进行三维地质建模的实验。例如苏联早在20世纪60年代就率先开展了矿区尺度三维地质填图的研究和试验，并强调在三维地质填图的基础上进行立体找矿。美国在1997年推出了"可视化国家合作地质填图计划"，确定了21世纪的研究重点为固体地球内部结构的高分辨率三维地震成像。1999年，澳大利亚推出了"玻璃地球计划"，目的是使澳大利亚地表1km范围内的地质过程透明化，从而发现下一批巨型矿床。同时期英国系统启动了3D-Geology项目，建立国家1∶100万三维地质模型，开发了GSI 3D建模软件，形成了一套可行的工作方案(Howard et al.，2009)。国内对三维地质建模的研究和应用始于20世纪80年代末，将其最早应用于油气勘查领域，而固体矿产勘查领域对三维建模的应用仅次于油气勘查，主要用于研究矿体分布规律、储量估算和资源量评价等。常使用的三维地质建模方法主要有钻孔数据库建模、大比例尺剖面建模和三维数据场建模(邓明国，2005；刘广华等，2010；明镜，2012)，这些建模方法均取得了很好的找矿效果。如薛林福等(2014)在大量反复实践的基础上，提出了分块三维地质建模方法，该方法能够克服常规的基于剖面的三维地质建模方法中存在的问题。罗智勇和杨武年(2008)建立了一种使用工程地质的三维建模实施方法，对基于钻孔数据的三维地质建模方法进行了改良，克服了单纯依靠钻孔数据而使建模结果不精确和难以修正的问题。武强和徐华(2004)设计了表达复杂地质构造的空间几何形态模型，提出了以空间数据处理为基础、以实体建模技术为核心、以模型应用为目的的三维地质建模流程。陈建平等(2014)基于3S技术、数据库技术、三维可视化技术和虚拟现实技术，提出了一套系统的重点成矿带大中比例尺三维地质建模与集成表达的技术方法。

1.3.2 三维定位找矿预测研究进展

三维定位找矿预测是在三维地质建模的基础上进行的，它的基本方法是在深入研究区域及矿床地质特征的基础上，结合地球物理-地球化学数据，通过三维地质建模及可视化技术，构建研究区域的三维地质模型，并融合三维空间分析方法提取三维预测要素，实现三维预测靶区的圈定。目前，基于地质、地球化学和地球物理资料的三维找矿预测已成为近年来矿产勘查领域的一大亮点，对三维找矿预测理论的发展和寻找隐伏矿体具有重要意义(李晓晖等，

2016；Chen et al.，2012；Yuan et al.，2014）。其主要优点是实现了三维全域地质体和空间结构可视化，集合了地质、地球物理和地球化学等多元信息，并融入空间大数据集成运算，达到立体展示-综合信息提取-高效准确预测一体化。

国外利用三维建模技术进行三维找矿预测的研究工作已取得了非常显著的成果。Oh 和 Lee 等利用似然比、证据权重、人工神经网络及逻辑回归预测方法，通过对比 4 种不同的数据处理方法，分析了韩国太白矿化区热液金-银矿床的资源潜力（Oh and Lee，2010；Lee et al.，2014）。Nielsen 等（2015）根据已知的地物信息，建立了西澳大利亚 Marymia Inlier 地区的造山型金矿预测模型，并将该模型应用于矿区深部找矿预测，圈定了深部找矿靶区，并经过了后期钻探工程验证。Payne 等（2015）利用 GOCAD 软件建立了新西兰 Taupo 地区三维地质模型，并结合物探、化探等资料进行了综合预测，证明了该火山岩地区热液型金矿的找矿潜力。

我国对三维建模方面的技术研究虽然起步较晚，但近年来也进行了广泛的应用。国内许多专家学者都提出过三维找矿预测的方法，并在我国多个地区开展了立体找矿预测工作。如陈建平等人在对云南个旧锡矿深部隐伏矿体的预测过程中提出了一种"基于三维可视化技术的隐伏矿体预测"方法，该方法将三维可视化技术与传统的地质、地球物理、地球化学、遥感等信息相结合，利用该方法进行了个旧锡矿隐伏矿体的预测研究，取得了较好的效果。陈建平等（2008）、王丽梅等（2010）和刘畅等（2019）又成功地将该方法应用于新疆可可托海 3 号脉、西藏玉龙铜矿床、山西浑源张旺金矿床等地，开展了深部隐伏矿体的三维定位和定量预测，建立了一套切实可行的矿床三维建模与三维定位定量预测方法体系。

针对深部隐伏矿体定位难的问题，毛先成等（2010）经过多次试验研究，提出了一种基于定位模型、成矿信息与三维预测相结合的预测方法，并利用该方法在铜陵凤凰山铜矿开展了矿区深部三维预测工作，在凤凰山矿区的深部共圈定了 4 处立体找矿靶区，为矿区深部找矿工作提供了技术指导。肖克炎等（2012）以甲玛铜矿等十几个矿山三维建模预测工作为基础，提出了基于大比例尺三维信息技术的三维矿产预测方法，并总结了大比例尺三维矿产预测工作流程。这些研究不仅促进了找矿预测理论的迅速发展，为隐伏矿体的找寻提供了良好的借鉴作用，而且拓宽了深部找矿的思维空间。目前，三维找矿预测已经逐渐成为定位定量预测隐伏矿体和外围矿体不可缺少的有效手段。

1.3.3 研究区矿产勘查和科研进展

研究区地质工作程度较高，自 20 世纪 50 年代开始，湖北省鄂东南地质大队（现湖北省地质局第一地质大队）以及其他地勘单位在区内进行了各类不同程度的地质工作，包括区域地质矿产调查、区域物探和化探、遥感、矿产勘查及地质专题研究等工作。经过多年的地质工作，相关单位取得了丰硕的找矿成果，积累了各类大量的基础地质和勘查资料，为本次研究的开展奠定了良好基础。

1.3.3.1 基础地质工作

区内地质工作始于 20 世纪 20 年代，谢家荣、叶良辅、李季辰等一批地质工作者在区内开展了路线地质调查和专题研究工作，而系统的地质工作主要是在 1949 年后完成的。

1965年，湖北省地质局完成了含本区在内的1∶20万区域地质、矿产调查工作，提交了1∶20万武汉幅区域地质报告和区域矿产报告，大致查明了区内地层分布、地质构造格架、岩浆岩特征和矿产分布特征，为区内地质工作奠定了基础。

1978年，湖北省区测队完成了1∶5万地质、矿产调查工作，提交了大冶幅、殷祖幅区域地质调查报告和区域矿产调查报告，基本查明了区内地层分布和岩性组合、地质构造基本特征及岩浆岩特征和矿产分布，为后续工作提供了较系统的基础地质资料。

20世纪50年代至今，1∶20万、1∶5万的区域物化探测量工作已覆盖全区。

1965年，湖北省区测队开展了1∶20万武汉幅土壤地球化学测量工作（包含本区），并提交了《1∶20万武汉幅土壤地球化学测量报告》。

1977年，湖北省航空物探队开展了鄂东南地区1∶20万航磁工作（包含本区），并编制了1∶20万鄂东南地区航磁ΔT平面等值线图和远景区异常特征卡片。

1980年，湖北省地质局地球物理勘探大队（简称湖北省物探队）开展了1∶10万鄂东南区域重力测量工作（包含本区），并提交了《1∶10万鄂东南区域重力测量报告》。

1984年，湖北省物探队开展了1∶5万大冶幅水系沉积物、土壤地球化学测量工作（包含本区），并提交了《1∶5万大冶幅水系沉积物、土壤地球化学测量报告》。

目前，区内不同尺度的区域工作，基本查明了区内地质构造格架和发展演化历史、地层分布叠置关系及岩性特征、区域地球物理和地球化学场特征、区内岩体分布及控制因素、不同种类的岩浆岩和矿化体物性特征，建立了各类地质体的识别标志及找矿标志，为本次研究提供了详实的地质基础和物探、化探基础。

1.3.3.2 矿产勘查进展

研究区包含铜绿山铜铁金矿床（矿区）以及铜山铜铁矿床（矿区），因此主要介绍这两个矿床的勘查工作（图1-2）。

1. 铜绿山铜铁金矿床

铜绿山铜铁金矿床是鄂东南地区典型的矽卡岩型（接触交代型）铜铁金矿床。从1959年5月开始，鄂东南地质大队就在铜绿山矿床进行了大量的工作，按工作性质可以划分为普查评价、初步勘探、详细勘探及深部找矿等阶段。

（1）普查评价阶段（1959年5月—1960年2月）：此阶段开展了大量的槽探、浅井、平巷、竖井、钻探以及地质填图和地形测量等工作，初步查明12个地表矿体的分布范围，对Ⅰ～Ⅴ号矿体进行了工程揭露。

（2）初步勘探（详查）阶段（1960—1961年）：此阶段继续对Ⅰ～Ⅴ号矿体沿走向、倾向进行稀疏控制，并对Ⅵ～Ⅷ号矿体进行地表揭露与深部探索，投入了大量钻探、坑道、平巷、斜井、竖井、浅井和槽探等工作，扩大了铜铁矿体的规模。

（3）详细勘探（勘探）阶段（1962—1970年）：此阶段共历时9年。其中，1962—1964年，集中勘探了Ⅰ～Ⅲ号矿体，于1964年提交了Ⅰ～Ⅲ号矿体储量报告；1965—1966年，除继续勘探Ⅲ号矿体外，主要勘探了Ⅺ、Ⅶ、Ⅳ号矿体，1965年提交了Ⅳ、Ⅴ号矿体储量简报及Ⅲ号矿体补充储量报告;1967—1970年,主要探明了Ⅶ号矿体的产状和形态,发现和探明了Ⅳ$_2$、Ⅳ$_3$号两个新矿体。

图1-2 铜绿山-铜山矿床遥感影像图(数据来源于Google地图)

(4)深部找矿阶段(1978年至今):1978—1982年,湖北省鄂东南地质大队进行了矿床的边部、深部找矿,主要扩大了Ⅲ$_2$号上接触带矿体的延深,探明了Ⅺ号与Ⅲ$_2$号矿体的连接关系，同时扩大了Ⅳ₃号矿体的延深，并证实Ⅳ₃号矿体在39号勘探线以北有延深，进一步探明了Ⅰ号矿体的形态与产状；1991—1993年，又对27号勘探线以北的Ⅳ号矿体，24号～42号勘探线东侧、7号～14号勘探线的Ⅲ号矿体深部开展工作；2006—2010年，湖北省鄂东南地质大队又开展了危机矿山接替资源勘查，扩大了Ⅲ、Ⅳ号矿体的规模，而且在Ⅺ号矿体下方又发现了深部隐伏的ⅩⅢ号矿体；2013年10月—2015年11月，湖北省地质局第一地质大队开展了铜绿山矿区ⅩⅢ号矿体铜铁矿详查工作，对ⅩⅢ号矿体进行了系统的工程控制，基本查明了ⅩⅢ号矿体的地质特征及矿石质量特征；2011—2017年，湖北省地质局第一地质大队开展了整装勘查项目，发现铜绿山隐伏背斜西翼向深部稳定延深和产于该背斜西翼主接触带及其附近的厚大矿体等重要找矿线索，大致查明了铜绿山矿区深部铜铁矿体的赋存规律及控矿因素，并且新发现了ⅩⅣ、Ⅵ₆号矿体和47个小矿体，扩大了Ⅰ₁、Ⅳ₁、Ⅳ₄号矿体的规模；2020年，湖北省地质局第一地质大队开展了铜绿山矿区外围铜铁矿普查项目，施工了ZK409和ZK40910两个钻孔(图1-2)，继续扩大了ⅩⅣ号矿体的规模；2021年，大冶有色金属集团控股有限公司根据对铜绿山铜铁金矿边深部勘查需要，计划在铜绿山矿区开展铜铁矿勘查，主要运用钻探工程对铜绿山背斜西翼ⅩⅣ、Ⅳ号矿体和东翼的Ⅻ号矿体及铜钼矿体进行走向、倾向追索，扩大已知矿体的规模，同时对排土场一带的物探异常进行验证，以期发现新的矿体。

2. 铜山铜铁矿床

1975年10月，中国冶金地质勘查工程总局中南局603队(简称中南地勘局603队)在该区开展地质评价工作，于1980年12月提交《湖北省大冶县铜山铁铜矿床地质评价报告》。探明规模较大的矿体主要为401、402号矿体。

1992年7月，中南地勘局603队提交《湖北省大冶县铜山铁铜矿床401号矿体地质评价报告补充说明书》。该报告的审批使铜山铜铁矿401号矿体得到正式有序的开采利用。

2005年5月，湖北省鄂东南地质大队对铜山矿区402号矿体开展详查工作，于2009年9月编制了《湖北省大冶市铜山矿区402号矿体群铜铁矿详查报告》。

铜绿山-铜山铜铁金矿床经过了60多年的找矿勘查历程，多次开展找矿工作，取得了丰硕的找矿成果。以往的勘查工作最开始以地表露头矿为主攻方向，通过研究地表浅部氧化矿体的特征再利用钻探工程验证，在研究区南部首先发现了铜绿山矿床；后期通过对已发现矿体的走向、倾向延深进行追索，扩大了区内矿体的规模；由于危机矿山接替资源勘查工作向深部进军，在铜绿山矿区深部Ⅺ号矿体下部新发现了ⅩⅢ号矿体，扩大了Ⅰ、Ⅲ、Ⅳ、Ⅵ号矿体的规模，并对深部矿体的控矿规律有了新认识，提出了断裂构造控矿的观点，将矿区的找矿深度由－600m推进至－1200m标高以下；整装勘查工作发现了铜绿山隐伏背斜西翼向深部稳定延深和产于该背斜西翼主接触带及其附近的厚大矿体等重要找矿线索，后通过对背斜西翼开展深部普查工作，新发现了产于背斜西翼的ⅩⅣ号矿体，但由于前期工作投入工作量有限，对ⅩⅣ号矿体的走向、倾向延深未完全控制。

1.3.3.3 科研工作程度

国家"六五"规划以来，研究区所在的铜绿山矿田一直被列为国家重点找矿地区，前人先后多次开展了成矿远景区划和典型矿床研究、成矿规律总结、找矿预测等专题研究工作，代表性的研究工作如下。

1985年,湖北省鄂东南地质大队开展了典型矿床研究,系统地总结了铜绿山矿床的矿床特征、成矿地质条件、成矿作用、控矿因素和找矿标志,提交了《铜绿山接触交代型铜铁矿床典型矿床研究报告》,并指出了今后的找矿方向。

1987—1990年,湖北省鄂东南地质大队与湖北省地球物理勘探大队(简称湖北省物探队)联合承担了"湖北省大冶县铜绿山地区立体地质填图及铜金矿地质普查"科研项目,在铜绿山矿田投入了高精度磁测、高精度重力测量及大极距电阻率剖面测深工作,在以往物探工作的基础上,初步查明了铜绿山矿田深部物性体的分布特征,探索了立体地质填图及找矿预测工作方法,进行了三维空间统计预测,把预测理论和方法研究推向了新的水平,进行了靶区优选,并分别圈定了10处靶区和8处预测区,进一步提高了铜绿山矿田的地质工作研究程度。

1997年,薛迪康、葛宗侠等人编著了《鄂东南铜金矿床成矿模式与找矿模型》,全面系统地归纳总结了前期研究成果,应用成矿系列理论,确定了鄂东南地区属与燕山期浅—中深成透辉闪长岩-石英闪长岩-石英正长闪长岩-花岗闪长岩-正长闪长岩有关的铜铁金钨钼矿床成矿亚系列,建立了"鸡冠咀式"斑岩-矽卡岩型铜金矿及"铜绿山式"矽卡岩型铜铁矿综合找矿模型,确定了区内寻找类似隐伏矿床的找矿预测标志。

2004年,为评价铜绿山铜铁矿床的资源潜力,中南大学地质研究所和大冶有色金属集团控股有限公司设计院采矿研究所对铜绿山铜铁矿区开展成矿规律总结、深部隐伏矿体的定位预测工作,提出了隐爆角砾岩型铜金矿的成矿类型,认为铜绿山矿区隐爆角砾岩型铜金矿找矿潜力巨大,并在矿区范围内圈定了4处找矿靶区,结合磁法和大地电磁测深资料进行了隐伏矿体的定位预测,提交了《湖北铜绿山铜矿区深部隐伏矿体定位预测与增储研究》。

2009年,湖北省鄂东南地质大队在收集以往资料的基础上,对铜绿山铜铁矿床中段和钻孔中原生晕样品及其他研究样品进行了样品采集与分析测试工作。据此编制了相关地球化学图、采样平面图及原生晕图件69张;元素分布特征分析、聚类分析等统计表格21份;研究了铜绿山铜铁矿床的地球化学背景、矿床地球化学特征以及成矿指示元素的地球化学行为和在不同矿石类型矿体中的分布特征;研究了铜绿山铜铁矿床的原生晕分带规律,建立了矿床构造叠加晕模式,确定了盲矿预测标志,提出了17个盲矿验证靶位,其中已验证的5个靶位在危机矿山勘查中均已见矿,对指导和部署深部钻孔有较好的指示意义。

2015年,湖北省地质局第一地质大队联合湖北省地质局地球物理勘探大队、大冶有色金属集团控股有限公司在研究铜绿山矿田近年来地质找矿新成果、新资料的基础上,充分利用区内已有大比例尺面积性物探、化探测量和大极距测深资料,对铜绿山矿田的成矿地质条件和控矿因素进行了再认识。运用区内地质构造的发展演化规律,根据矿田中与铜铁金矿体关系密切的含矿大理岩残留体的分布提出了北东成带、北西成串的新认识。通过对成矿系统的深入研究,提出了区内成矿物质来自深部分异的岩浆期后热液、断裂构造具有重要控制作用的新观点。在深入研究危机矿山找矿、深部矿产勘查和矿山开采成果最新资料的基础上,将物探和化探资料与近年新施工的钻探工程资料进行对比研究,总结了重磁异常与深部隐伏矿体的对应关系,开展了深部矿体成矿规律总结和找矿预测,圈定了8处预测靶区,为区内工作部署提供了依据。

2015—2018年，湖北省地质调查院、中国科学院广州地球化学研究所、湖北省地质局第一地质大队在国土资源部（现自然资源部）公益性行业科研专项资助下，对铜绿山矿田内的铜绿山铜铁金矿床、鸡冠咀铜金矿床、铜山口铜钼矿床开展了全面的蚀变矿物及勘查应用研究，通过对近50 000m岩芯与坑道的编录和6000余件样品的测试，建立了蚀变矿物的二维-三维模型；通过数据统计分析，对蚀变矿物的时空分布特征、物理化学参数空间变化规律进行总结，建立了3个矿床的蚀变矿物勘查标识体系；于2019年3月提交了《鄂东南矿物地球化学勘查标志体系建立与应用研究报告》，出版了《鄂东南矿集区蚀变矿物地球化学研究及其勘查应用》。

2019年，湖北省地质勘查基金在鸡冠咀矿区外围开展了"湖北省大冶市鸡冠咀矿区外围铜金多金属矿预查"项目，设立了配套的"广域电磁法、微动勘探"等深部找矿技术的应用性研究科研课题。目前取得了初步成果，从鸡冠咀28号勘探线试验剖面看，电性结构、横波速度结构均与已知地质剖面对应良好，广域电磁法、微动勘探技术对盆地边界有较好的刻画，对成矿地质体及重要的成矿界面有较好的识别，在深部找矿中有较好的适用性。

2019年，中国地质大学（武汉）提交的《鄂东南阳新岩体周缘矽卡岩型铜多金属矿床地质特征及矿床成因》指出，铜绿山岩体深部约5km的岩浆房经历了约40%的矿物分离结晶，使残余岩浆富集成矿元素Cu和卤族元素Cl，约于141.4Ma侵位到三叠系大冶组碳酸盐岩地层，在浅部由于温度和压力的降低分异出成矿热液。

2020年，湖北省地质局部署相关项目，在铜绿山矿田开展了深部找矿的技术方法探索研究，对MT、AMT、广域电磁法、CSAMT、微动勘探在矿集区深部找矿的有效性进行了探索评价，总结出广域电磁法、微动勘探方法在深部找矿工作中有一定的适用性。

以上综合研究工作系统地查明了区内成矿地质条件，对区内铜铁金矿床地球物理特征、地球化学特征进行了深入的分析，总结了区内成矿规律，建立了研究区铜、铁、金的成矿模式和找矿模型，提高了研究区的地质科研工作程度，为区内勘查工作提供了重要理论依据。

1.3.4 存在的主要问题

前人工作为本次研究奠定了良好的基础。区内曾多次开展地质找矿工作，积累了大量基础地质成果，包括地质、物探和化探及矿山探采资料等。为了适应深部找矿新需求同时解决勘查中发现的一定问题，故有必要开展信息再集成再利用，具体表现在3个方面。

(1)深部地质结构查明程度低。通过近30年来的找矿和科研工作，已将铜绿山矿田的勘查深度推进到-1200m左右，局部达到-1500m。但是深部地质结构研究薄弱，浅部成矿规律认识已经难以支撑矿区的深部找矿工作。在铜绿山矿田，前人也构建过1000m以浅的三维地质模型，探索了立体地质填图及找矿预测工作方法。近年来，随着深部找矿勘探的不断进行，矿山积累了大量的探采资料，有必要开展最新资料的再集成分析。

(2)深部找矿新技术新方法应用有待加强。前期在钻探等工程资料和浅部地质认识的基础上，运用化探、重磁测量、激电中梯、激电测深、可控源音频大地电磁测深（CSAMT）等主要手段，在矿区800m以浅的勘查深度取得了很好的找矿效果。然而，深部隐伏矿找矿首先要面临的技术难题就是示矿信息微弱且与背景噪声混杂而难以分辨。传统勘查技术手段强调地质异常有无或强弱与目标体的依存关系,显然对深地资源探测存在较大的局限性。针对不同深度、不同目标地质体和不同矿床(种)类型,应该在以地质条件为约束的前提下,采用有效且针对性强的新技术新方法,才能有效识别深部目标地质体。

(3)深部地质找矿空间有待拓展。以往工作重点为铜绿山背斜东翼及产于其中的矿体。近年来,在背斜西翼发现了厚大的 XIV 号矿体,显示背斜西翼具较好的找矿潜力,但对背斜西翼的整体特征不清楚,对其走向、倾向、延深了解不够。铜山矿区钻孔控制深度为-700m以浅,对产于大理岩残留体与岩体下接触带上的矿体未进行控制,同时对铜绿山背斜西翼向南走向延深的矿体也未控制。研究区与同属长江中下游成矿带的庐枞、铜陵等地区 2000 余米的勘查深度相差甚远,因此有必要在以往工作基础上,进一步加强深部找矿空间的综合研究。

1.4 研究内容及技术路线

1.4.1 研究内容

本次研究以湖北大冶市铜绿山-铜山铜铁金矿床为研究对象,利用区内已有的地质资料和矿山探采资料,开展矿区三维可视化建模研究,重点探讨区内背斜两翼的地层、构造、岩浆岩等成矿地质条件以及矿体的空间展布规律,通过提取有利找矿信息,构建研究区三维综合预测模型,进行深部矿体定位预测,从而圈定深部找矿靶区。主要通过以下3个方面展开研究工作。

(1)深部控矿构造格架:在综合分析以往多尺度勘查和科研资料的基础上,探究矿体的空间分布规律及与成矿构造、成矿地质体的时空关系,分析成矿作用特征标志;运用三维可视化技术,重点开展区内褶皱-断裂-接触复合构造与矿体空间定位规律的综合研究,为深部找矿预测提供基础;厘定深部有利找矿标志,构建深部初始勘查模型,为三维地质结构构建打下基础,为深部找矿预测提供依据。

(2)矿床三维地质建模及可视化:在深部控矿构造格架研究的基础上,开展铜绿山-铜山铜铁金矿床三维地质找矿信息(标志)集成及其立体可视化研究,应用 Surpac 三维建模软件,充分利用区内已有的基础地质和探采资料,构建研究区三维地质数据库;深入了解和分析控矿构造、地层和岩浆岩的时空分布特征及关联度,建立研究区三维地质结构模型,实现二维断面向三维立体的转化,直观分析构造形态复杂度和有效岩性组合等与矿体定位的时空关系。三维地质建模总体采用 2D 剖面相互拼合的方式,局部利用钻孔数据精细约束,通过地质解释揭示矿体展布与构造、岩体、地层的关系,总结深部成矿规律。

(3)深部找矿信息提取与综合预测:在科学找矿理论的指导下,运用基于地质构造分析、缓冲区分析等的三维空间分析方法,对三维空间数据进行深度挖掘,识别提取控矿因子,综合运用地理信息系统和三维可视化技术,进行空间大数据集成运算,分析数据结构空间变化性质和变化程度,提取深部找矿数字化信息,结合区内收集到的物探、化探数据信息,通过有效的成矿预测方法进行三维空间的量化处理和运算,实现深部矿产资源的定位与评价,圈定具体找矿靶区。

1.4.2 技术路线

充分利用已有的基础地质、地球物理、地球化学和矿山探采资料,以现行的成矿理论和找矿技术方法为指导,本次共分为以下 3 个层次展开研究。本次研究所采用的技术路线如图 1-3 所示。

(1)充分利用铜绿山矿床和铜山矿床以往的基础地质和科研成果,收集各种图件、工程数据、测试数据、地质报告等勘查开发资料,开展多源数据信息预研究,分析成矿与构造体系演化的耦合关系,深入了解和分析区内构造、地层和岩浆岩的时空特征及关联度,限定成岩成矿时代及成矿物质来源,进而查明区内矿床成因类型,为关键控矿因素厘定提供理论依据,剖析铜铁金成矿的时间、空间结构,总结深部成矿规律。

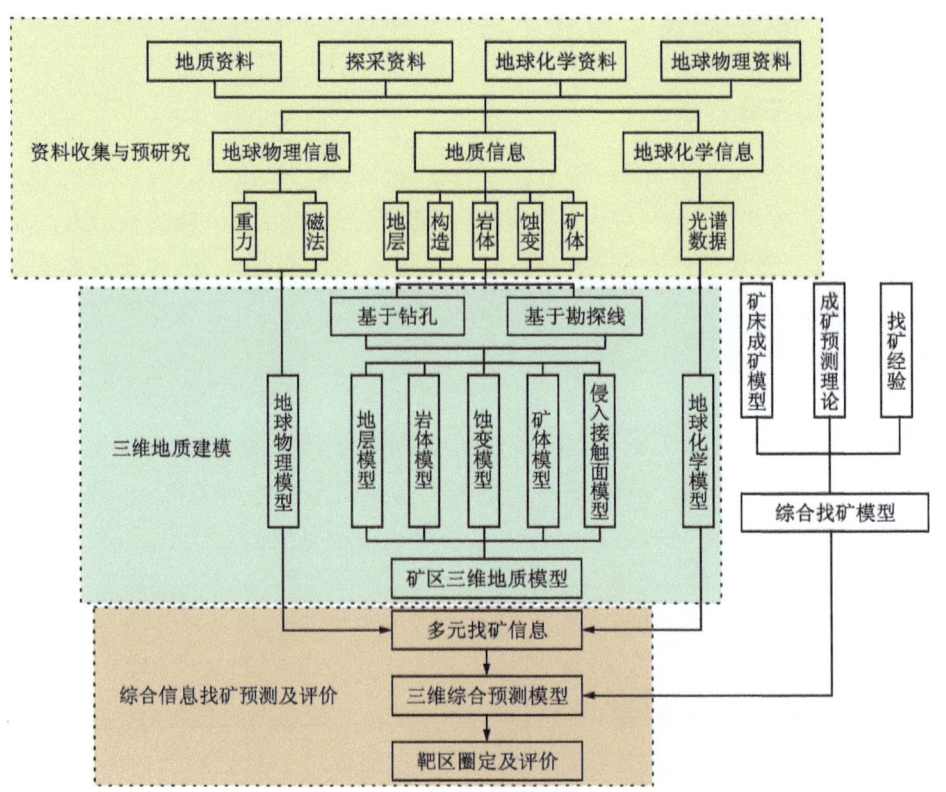

图 1-3 技术路线图

(2)结合地质规律、地球化学信息以及地球物理相应地质解译成果,厘定控矿构造和地质体的空间分布特征,开展矿床三维可视化建模,构建地层、岩体、蚀变、矿体、侵入接触面等矿区三维地质体实体模型和地球物理、地球化学块体模型。以三维地质实体模型为约束,提取立体地球物理勘查体系中的深部找矿信息及立体地球化学勘查体系中的地球化学异常变化特征,由已知地质信息推断可能存在的有利找矿信息,结合地质信息进行交叉验证,构建铜绿山-铜山铜铁金矿床三维空间地质组构。

(3)在综合信息找矿模型的指导下,进行三维立体找矿预测及评价工作,开展各地质体与矿体之间的空间关系研究,对区内各个块体内的量化属性进行统计分析,利用地质体实体模型、已知矿体实体模型对块体模型进行形体约束限定,通过统计分析含矿块体单元内所包含的多元找矿信息属性出现次数或范围来提取某一地质要素、地球物理参数或地球化学参数对找矿贡献的大小,并对每个变量运用地质统计学方法,展开定量分析与提取,并作为矿床预测中的各找矿要素和先验条件,综合所有预测要素开展数据空间集成运算,构建三维综合预测模型,开展深部矿体定位预测,圈定深部找矿靶区。

1.5 取得的主要成果和认识

(1)利用 Surpac 软件构建了铜绿山-铜山铜铁金矿床三维地质模型,包括表面模型和实体模型。其中,表面模型为研究区地表模型,实体模型包括侵入接触面模型、矿体模型、地层模型、围岩蚀变模型及岩体模型。这些三维模型直接反映了各地质体的形态以及与矿体在三维空间中的关系。矿体主要受控于褶皱-断裂-接触的复合构造,特别是 NNE 向与 NE 向两组构造交会、复合侵入接触带时有利于厚大矿体的形成。

(2)以钻孔光谱分析数据为基础,利用 Au、Ag、Cu、Pb、Zn、W、Mo 七种元素进行地球化学因子分析,提取了 F1、F2、F3 因子,构建了三维地球化学块体模型,其中 F1 因子元素组合为 Au-Ag-Cu-Zn,与矿体套合性最好。以研究区 1∶1 万重磁数据为基础,利用小波分析方法对地下不同深度的细节异常进行了提取,通过 Theta 图法分析提取了重磁异常梯度带信息,并进行了缓冲区处理,以此为约束构建了三维地球物理模型,重磁异常梯度带缓冲与矿体的空间关系对应良好,且重磁同源异常与岩浆通道和矿体群空间吻合度高。

(3)以三维地质体实体模型与物探化探块体模型为基础,综合地质-地球化学-地球物理预测指标,对成矿有利变量进行筛选,通过对变量进行合理的地质解译,提取了侵入接触面缓冲、蚀变缓冲、地球化学 F1 因子和重磁异常梯度带缓冲 4 个预测变量,针对各个预测变量,结合控矿要素、成矿条件及找矿标志开展了定量分析,选用特征分析法构建三维综合信息预测模型,开展了综合立体找矿预测,对有利成矿区进行筛选,应用模型在矿区深部圈定找矿靶区 4 处。三维综合信息预测模型还显示,在铜绿山矿区深部可能存在第三找矿空间。

(4)在靶区二和靶区三内已进行工程验证,扩大了铜绿山矿区Ⅻ号矿体的规模,发现了新的ⅩⅤ号矿体。在铜山矿区外围圈定了铜Ⅰ、铜Ⅱ、铜Ⅲ号矿体。

2 区域成矿地质背景

2.1 大地构造背景

长江中下游成矿带位于扬子板块的北缘,北边与秦岭-大别造山带和华北克拉通相邻,南边为扬子板块,在空间上呈南西狭窄、北东宽阔的"V"字形地带(常印佛等,1991)(图2-1)。在漫长的构造历史中,扬子板块曾经历了晋宁期、印支期、燕山期及喜马拉雅期等多期构造运动,鄂东南地区位于长江中下游地区的西南部。

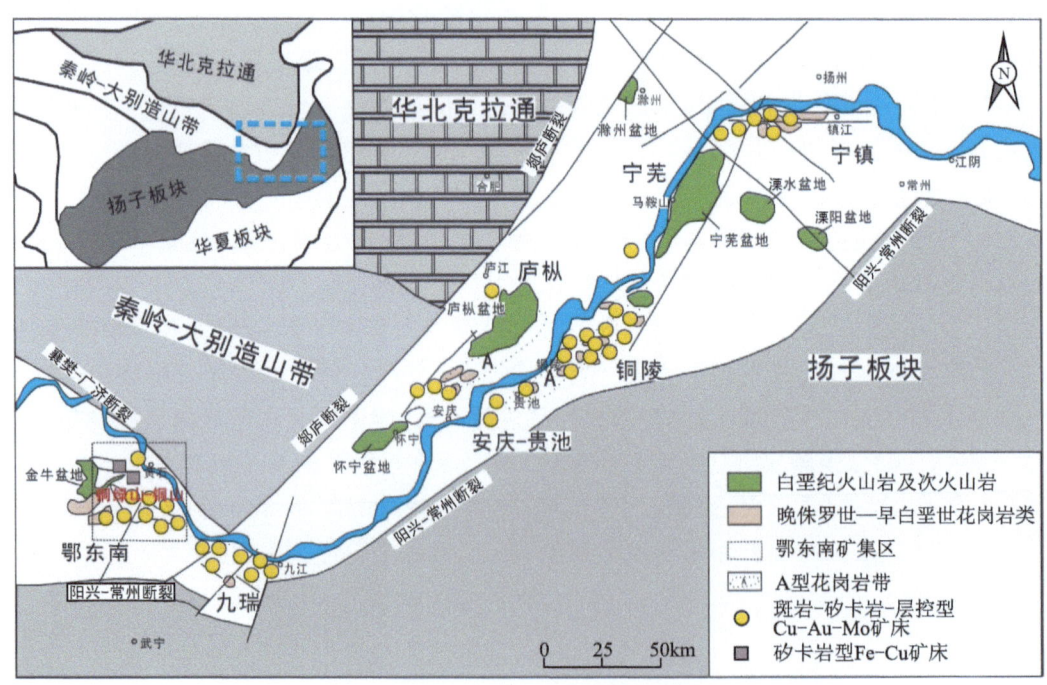

图 2-1 长江中下游地区地质简图(底图据翟裕生等,1992修改)

2.2 区域地层

鄂东南地区的地层相对来说比较完整,从南华系至第四系基本均有分布(表2-1),其中南华系至三叠系总体呈EW向或NWW向分布,构成一系列线状复式褶皱,主要出露于黄

表 2-1 鄂东南地区地层简表（据湖北省地质调查院，2021修改）

界	系	统	组	代号	岩性描述
新生界	第四系			Q	砾石、亚砂、砂、黏土
	古近系	古新统	公安寨组	K_2E_1g	泥岩、粉砂岩、砂岩、砂砾岩
中生界	白垩系	上统			
		下统	大寺组	K_1d	含晶玻屑凝灰岩、流纹岩、英安岩、安山岩、凝灰岩、块状角砾岩、安玄岩、粗面岩、凝灰质粉砂岩
			灵乡组	K_1l	粉砂岩夹火山岩及砂砾岩、泥灰岩
			马架山组	K_1m	霏细岩、流纹质角砾岩、角砾集块岩
	侏罗系	中统	花家湖组	J_2h	粉砂质页岩、长石石英砂岩、砾岩
		下统	桐竹园组	J_1t	黄色粉砂质页岩、粉砂岩夹煤层
	三叠系	上统	王龙滩组	T_3J_1w	石英砂岩、碳质页岩、粉砂岩夹石英细砂岩
		中统	蒲圻组	T_2p	粉砂质页岩、粉砂岩、细砂岩
			嘉陵江组	$T_{1-2}j$	白云岩、白云质灰岩、盐溶角砾岩
		下统	大冶组	T_1d	灰岩、白云质灰岩、含泥质灰岩或页岩
晚古生界	二叠系	乐平统	大隆组	P_3d	硅质页岩夹碳质页岩
			龙潭组	P_3l	碳质页岩夹煤线
		阳新统	孤峰组	P_2g	黑色薄厚层状硅质岩夹泥岩
			栖霞组	P_2q	含碳质似瘤状生物灰岩、含燧石结核灰岩
		船山统	船山组	P_1c	球粒状灰岩、厚层灰岩、生物碎屑灰岩
	石炭系	上统	黄龙组	C_2h	厚层灰岩、生物碎屑灰岩
	泥盆系	中上统	云台观组	$D_{2-3}y$	石英砂岩、含砾石英砂岩，底部为石英砾岩
早古生界	志留系	兰多维列统	坟头组	S_1f	泥质粉砂岩、细粒砂岩、页岩、泥岩
			新滩组	S_1x	黄色粉砂质页岩、页岩夹石英砂岩、石英粉砂岩
	奥陶系	上统	龙马溪组	O_3S_1l	灰黑色页岩、碳质页岩、硅质岩和硅质页岩
			宝塔组	$O_{2-3}b$	龟裂纹灰岩、瘤状泥质灰岩
		中统	牯牛潭组	O_2g	灰岩与瘤状泥质灰岩互层
			大湾组	$O_{1-2}d$	瘤状生物灰岩夹泥岩、泥灰岩
		下统	红花园组	O_1h	灰岩、生物碎屑灰岩，下部偶夹页岩
			南津关组	O_1n	生物碎屑灰岩、白云岩、灰岩夹页岩
	寒武系	芙蓉统	娄山关组	ϵ_4O_1l	灰色厚层状细晶白云岩，含砾屑泥粒灰岩
		第三统	高台组	$\epsilon_{2-3}g$	灰色、浅灰色中—厚层状细晶白云岩夹鲕粒白云岩
		第二统	石龙洞组	ϵ_2sl	白云岩，上部含少量钙质及燧石团块
			天河板组	ϵ_2t	泥质条带灰岩夹页岩及鲕状灰岩
			石牌组	ϵ_2s	黏土岩、砂质页岩、细砂岩、生物碎屑灰岩
		纽芬兰统	牛蹄塘组	$\epsilon_{1-2}n$	碳质页岩夹含碳质粉砂岩、粉砂质泥岩
新元古界	震旦系	上统	灯影组	$Z_2\epsilon_1dn$	内碎屑白云岩、含沥青质灰岩、含燧石条带白云岩
		下统	陡山沱组	Z_1d	白云岩、含粉砂白云岩、碳质页岩
	南华系	上统	南沱组	Nh_3n	灰绿色、紫红色冰碛泥砾岩
		下统	莲沱组	Nh_1l	砂砾岩、含砾粗砂岩、细砂岩夹凝灰岩

石—大冶—灵乡一线以南的隆起区及位于该线以北的盆地区鄂城背斜和保安背斜核部。三叠系至白垩系主要位于黄石—大冶—灵乡一线以北的盆地区，以构造宽缓褶皱为特征（段登飞，2019）。白垩系火山岩主要位于保安和金牛、灵乡镇之间。其中，下三叠统大冶组碳酸盐岩分布广泛，是鄂东南地区铁铜成矿的重要赋矿围岩（舒全安等，1992）。

南华系南沱组（Nh_3n）和莲沱组（Nh_1l）主要为砂砾岩，震旦系陡山沱组（Z_1d）和灯影组（$Z_2\epsilon_1dn$）主要为硅质岩、白云岩以及碳质页岩等，分布在区域南部。

寒武系岩性较单一，除下部含泥砂质碎屑岩夹层外，为一套浅海相的富镁质碳酸盐岩，主要包括牛蹄塘组（$\epsilon_{1-2}n$）至娄关山组（ϵ_4O_1l）地层。该地层主要分布于南部黄姑山和章山地区，受到较强构造作用，成为背斜的轴部，呈近东西向展布。

奥陶系除了上奥陶统—下志留统龙马溪组（O_3S_1l）为浅海相的自生沉积岩以外，其他均为浅海相他生沉积。下奥陶统、中奥陶统和上奥陶统下部主要为灰岩、白云质灰岩和灰质白云岩等碳酸盐岩，龙马溪组（O_3S_1l）为硅质页岩和硅质粉砂岩，主要分布于中部大冶、章山和阳新一带，构成背斜的翼部，是鄂东南地区矽卡岩型钨铜钼矿床（如阮家湾）和斑岩型铜矿床的围岩。

志留系沉积厚度比较大，岩性比较单一，为一套浅海相碎屑岩。自下而上分别为：兰多维列统新滩组（S_1x）的粉砂质页岩、石英粉砂岩，坟头组（S_1f）细砂岩、泥质粉砂岩，缺失茅山组（S_1ms）的砂岩、粉砂岩沉积。志留系主要分布在区域的南部。

泥盆系在区内沉积不完整，厚度变化较大，为一套滨海相粗碎屑岩沉积。只有中上泥盆统云台观组（$D_{2-3}y$）出露，主要为含砾石英砂岩、石英砂岩和石英砾岩。

石炭系岩性比较稳定，沉积环境从海湾蒸发相-浅海相过渡为近岸相，但是沉积不齐全，缺失下石炭统。上石炭统黄龙组（C_2h）由下段厚层白云岩和上段厚层含生物碎屑灰岩与鲕状生物碎屑灰岩组成，局部地段含燧石结核。

二叠系地层沉积比较完整，露头较好。从下到上分别划分为船山统船山组（P_1c）、阳新统栖霞组（P_2q）和孤峰组（P_2g），乐平统龙潭组（P_3l）和大隆组（P_3d）。船山组（P_1c）为一套灰色—深灰色厚层状球粒生物灰岩。栖霞组（P_2q）岩性稳定，代表海水相对平静环境中沉积的一套浅海相碳酸盐岩地层；孤峰组（P_2g）主要为灰黑色薄层状硅质岩夹碳质硅质岩。乐平统的厚度变化较大，表明沉积环境由滨海相转变浅海相又转变为滨海相，海侵与海退之间转变。

三叠系在区内分布最为广泛，遍布全区，从下到上分别划分为下三叠统大冶组（T_1d），中下三叠统嘉陵江组（$T_{1-2}j$）、中三叠统蒲圻组（T_2p），上三叠统—下侏罗统王龙滩组（T_3J_1w）。大冶组和嘉陵江组分布广泛，是铜绿山-铜山矿床主要的赋矿围岩，岩性主要是白云岩、灰岩以及大理岩；中三叠统蒲圻组岩性主要为灰岩、白云岩和粉砂岩；上三叠统下侏罗统王龙滩组岩性主要由石英砂岩、碳质页岩及粉砂岩组成。三叠系是区内岩浆热液矿床的主要赋矿围岩。

侏罗系是一套含煤的地层，主要分布在区域中部、北部的黄石和金山店附近。下侏罗统桐竹园组（J_1t）和中侏罗统花家湖组（J_2h）岩性以粉砂岩和页岩为主。

下白垩统是一套陆相火山岩，主要分布在长江和阳新附近断陷盆地中，自下而上分别为马架山组(K_1m)角砾岩,灵乡组(K_1l)砂、砾岩夹玄武岩,大寺组(K_1d)酸性岩、凝灰岩和安山岩。

古近系与上白垩统一同分布于断陷盆地中,在区内仅出露公安寨组(K_2E_1g),为一套泥岩、粉砂岩、砂岩、砂砾岩组合,与下伏下白垩统接触关系为角度不整合。

第四系分布较广,主要分布在区域的西部,以泥砂、碎石之类的松散堆积和红土沉积为主。

2.3 区域构造

鄂东南地区主要的构造为褶皱和断裂,按方向大致可以分为NW—NWW向和NE—NNE向两组,形成的时期主要为印支期和燕山期(图2-2)。

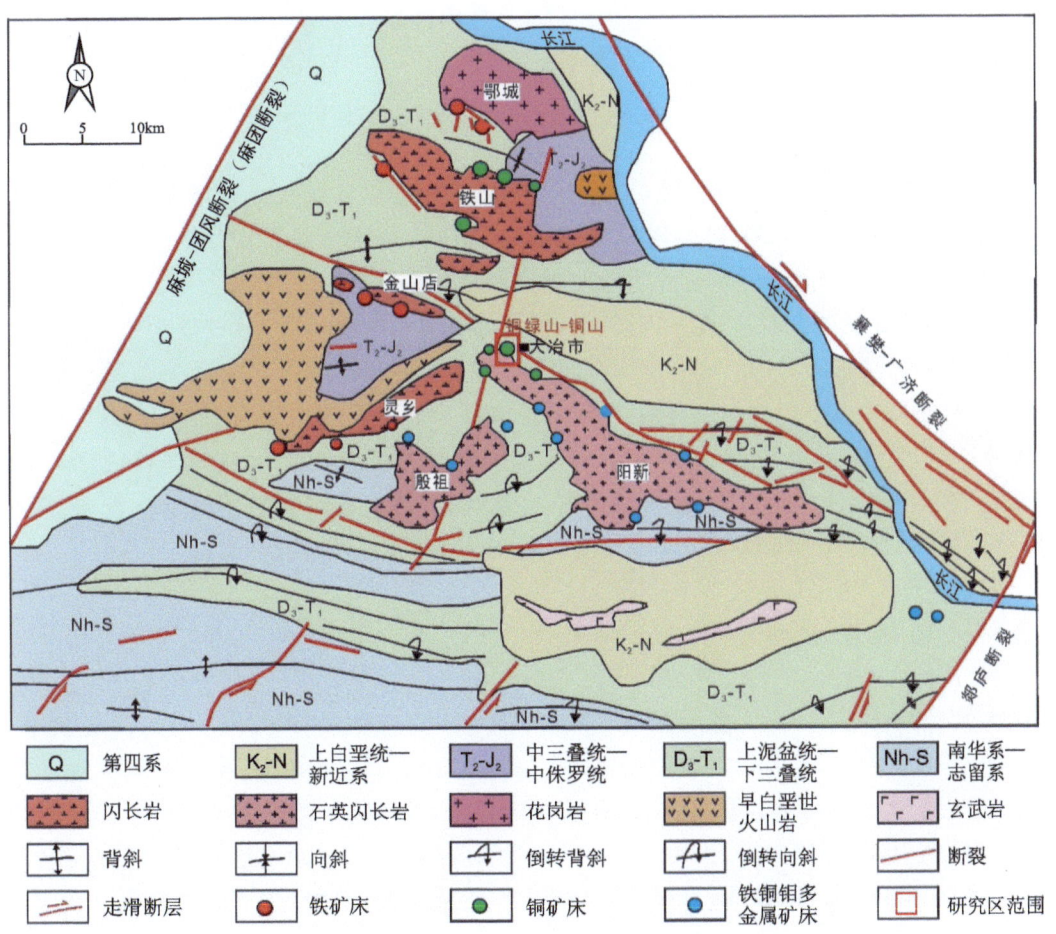

图2-2 鄂东南地区地质及矿产分布简图(底图据舒全安等,1992修改)

1. 褶皱

在鄂东南地区,褶皱主要有两组,一组为区域性的 NWW 向复式褶皱,形成于印支期,这一组复式褶皱行迹规模大,在区域内广泛分布;另一组褶皱形成于燕山期,呈 NNE 向或 NE 向展布,该组褶皱规模相对较小,控制着区域侵入岩体、岩脉等的产状,影响着矿区内矽卡岩及铁铜矿体的空间展布。

NWW 向复式褶皱在区域上主要分布有鄂城复背斜、碧石渡复向斜等多组复背斜和复向斜,在平面上多呈似平行线状延伸,北部多由上古生界至中生界组成,褶皱宽缓开阔;南部由古生界至中三叠统组成,背斜核部主要由下古生界组成,向斜槽部多由三叠系组成,具有紧密倒转特点。这些复式褶皱往往影响着区域的构造格局。

NNE 向或 NE 向褶皱形成于燕山期,褶皱核部主要由古生界和中生界组成,在区域上主要分布在岩体的边部和姜桥-下陆断裂的两侧。NNE 向褶皱多横跨在印支期 NWW 向褶皱带上,主要包括灵峰背斜、马叫-铜绿山背斜等。NE 向褶皱控制着岩体边缘的形态,主要包括磨石山背斜、雨花湖向斜、双港口倒转向斜等。

2. 断裂

本地区的断裂主要由 NE 向、NNE 向、NW 向、NWW 向 4 组构成。其中,印支期主要形成区域性的 NWW 向大断裂,与 NWW 向褶皱一起控制着区域尺度中生代的岩浆活动。燕山期主要形成小规模的断裂,控制着区内的具体成岩成矿作用。

NWW 向断裂主要包括鄂城断裂、保安-陶港断裂、铁山断裂等,这些断裂的断裂面倾向与 NWW 向倒转褶皱的轴面大多一致,均向南陡倾,体现出自南向北的逆冲推覆构造作用。燕山期断裂较复杂,主要分为 4 组,包括 NE 向灵乡断裂、NNE 向姜桥-下陆断裂、NW 向保安-陶港断裂等。NWW 向断裂则分为两部分,其中一部分是在燕山期形成的张扭性断裂,另一部分是在燕山期改造印支期的压性断裂而成。铜绿山-铜山铜铁金矿床就处于保安-陶港断裂、姜桥-下陆断裂、灵乡断裂与铜绿山背斜及其轴部断裂的交会处(马光,2005)。

2.4 区域岩浆岩

区内发育众多的中酸性侵入岩体,主要包括鄂城岩体(花岗岩和花岗闪长斑岩,约 $100km^2$)、铁山岩体(石英闪长岩和闪长岩,约 $140km^2$)、金山店岩体(石英二长岩、二长花岗岩和闪长岩,约 $19km^2$)、灵乡岩体(闪长岩和石英闪长岩,约 $54km^2$)、殷祖岩体(石英闪长岩,约 $90km^2$)和阳新岩体(石英闪长岩,约 $215km^2$)六大杂岩体(图 2-2)。这些侵入岩体在空间上总体呈 NNW 向,次为 NNE 向,主要产在隆起带上的短轴背斜中,为不同时期侵入的复式岩体。除此之外,区内还发育了许多小岩株,包括铜绿山岩株、铜山口岩株和龙角山岩株等。在这些大的杂岩体或小岩株内部,亦发育有多条后期的基性—中酸性岩脉,主要包括云母煌斑岩、闪斜煌斑岩、辉长岩、辉绿(玢)岩、闪长玢岩、钠长斑岩、花岗岩等。前人对区内的这些侵入岩进行了大量的高精度锆石 U-Pb 定年(表 2-2)。结果显示,区内的岩浆活动主要有两期:早期集中于152~134Ma,晚期集中于134~127Ma(瞿泓滢等,2012;黄圭成等,2013;夏金龙等,2017;蒋少涌等,2019;Li et al.,2009,2010;Xie et al.,2011a,2012)。

区内火山岩主要分布于鄂东南地区的西侧,位于保安和金牛、灵乡之间,出露面积约为200km²,出露的岩性主要为英安岩和玄武岩等。近年来的高精度锆石U-Pb年代学研究表明,区内火山岩喷发时间在130~125Ma之间,持续时间约5Ma(谢桂青等,2006;李瑞玲等,2012;Xie et al.,2011b)。

表 2-2 鄂东南矿集区主要岩体年龄统计表

岩体名称	岩性	分析方法	年龄/Ma	参考文献
殷祖岩体	石英闪长岩	SHRIMP 锆石 U-Pb	(151.8±2.7)	Li et al.,2009
	石英闪长岩	LA-ICP-MS 锆石 U-Pb	(148±1)	丁丽雪等,2017
	黑云母角闪辉长岩	LA-ICP-MS 锆石 U-Pb	(151±1)	丁丽雪等,2017
灵乡岩体	闪长岩	LA-ICP-MS 锆石 U-Pb	(141.1±0.7)	Li et al.,2009
	石英闪长岩	SHRIMP 锆石 U-Pb	(145.5±1.1)	Li et al.,2010
阳新岩体	石英闪长岩	SHRIMP 锆石 U-Pb	(138.5±2.5)	Li et al.,2009
	石英闪长岩	LA-ICP-MS 锆石 U-Pb	(142±2)	Xie et al.,2011a
	石英闪长岩	LA-ICP-MS 锆石 U-Pb	(143±1)	丁丽雪等,2016
鄂城岩体	中粒花岗岩	LA-ICP-MS 锆石 U-Pb	(130±1)	Xie et al.,2011a
	粗粒花岗岩	LA-ICP-MS 锆石 U-Pb	(127±1)	Xie et al.,2011a
	花岗岩	LA-ICP-MS 锆石 U-Pb	(128.8±0.5)	姚磊等,2013
铁山岩体	石英闪长岩	SHRIMP 锆石 U-Pb	(135.8±2.4)	Li et al.,2009
	石英闪长岩	SHRIMP 锆石 U-Pb	(142±3)	Xie et al.,2011a
	辉长岩	SHRIMP 锆石 U-Pb	(137±2)	Xie et al.,2011a
金山店岩体	石英闪长岩	LA-ICP-MS 锆石 U-Pb	(128.6±0.88)	瞿泓滢等,2012
	石英闪长岩	LA-ICP-MS 锆石 U-Pb	(127±2)	Xie et al.,2012
	花岗岩	LA-ICP-MS 锆石 U-Pb	(133±1)	Xie et al.,2012
铜绿山岩株	石英二长岩	SIMS 锆石 U-Pb	(139.8±0.9)	Li et al.,2010
	石英二长闪长岩	LA-ICP-MS 锆石 U-Pb	(141±0.8)	张世涛等,2018
	石英二长闪长玢岩	LA-ICP-MS 锆石 U-Pb	(141.3±1.1)	张世涛等,2018
金牛盆地中的岩体	英安岩	SHRIMP 锆石 U-Pb	(128±1)	谢桂青等,2006
	流纹斑岩	SHRIMP 锆石 U-Pb	(128±1)	李瑞玲等,2012
	玄武岩	SHRIMP 锆石 U-Pb	(128±1)	Xie et al.,2011b

2.5　区域矿产

区内成矿条件优越,拥有丰富的矿产资源。其中,铁、铜和金的金属储量在国内矽卡岩型矿床中占有极其重要的地位,铜铁矿床的类型主要为矽卡岩型和斑岩-矽卡岩复合型矿床。截至 2019 年底,鄂东南矿集区已累计查明富铁矿石量为 7.8 亿 t,铜金属量为 515 万 t,金金属量为 272t(湖北省地质局第一地质大队内部资料)。此外,区内的主要金属矿产还包括铅、锌、钨、钼等,这些金属矿产主要分布于区内岩体与地层接触带附近。区内的非金属矿产有硫铁矿、水泥用石灰岩和方解石等,矿床类型主要为海相沉积型、沉积热液改造型等。

从空间分布上来看,鄂东南地区的成矿作用具有一定的分带性,即自西北向东南,依次为铁矿床、铁铜矿床、铜金矿床、铜钼矿床至钨铜钼矿床。区内产有程潮和张福山大型矽卡岩型铁矿床、铁山(大冶铁矿)大型矽卡岩型铁铜矿床、铜绿山大型矽卡岩型铜铁金矿床、鸡冠咀大型矽卡岩型铜金矿床、桃花嘴中型矽卡岩型铜铁矿床、铜山口大型斑岩-矽卡岩型铜钼矿床、白云山中型斑岩型铜铜矿床、阮家湾大型矽卡岩型钨铜钼矿床、龙角山中型矽卡岩型钨铜矿床和付家山中型矽卡岩型钨铜钼矿床等(Li et al.,2014;Zhao et al.,2012),其中龙角山-付家山钨矿目前已达到大型规模。

3 矿区地质特征

铜绿山矿田是鄂东南地区最大的内生铜铁金矿田（图3-1），位于鄂城-大幕隆起带的轴部、姜桥-下陆断裂的中段、大冶湖向斜的南翼、阳新岩体的西北端，处于鄂东南三角形构造岩浆岩区的中心部位。矿田内断裂发育，形成自浅至深的网络系统，为岩浆活动、成矿热液的输送、储存提供了有利的条件。铜绿山矿田内聚集了包括铜绿山大型铜铁金矿床、鸡冠咀大型铜金矿床等在内的13个大、中、小型矿床（点）。截至2020年底，矿田内累计查明金金属量为194t，铜金属量为235万t，分别占湖北省累计查明金、铜资源量的49%和44%。

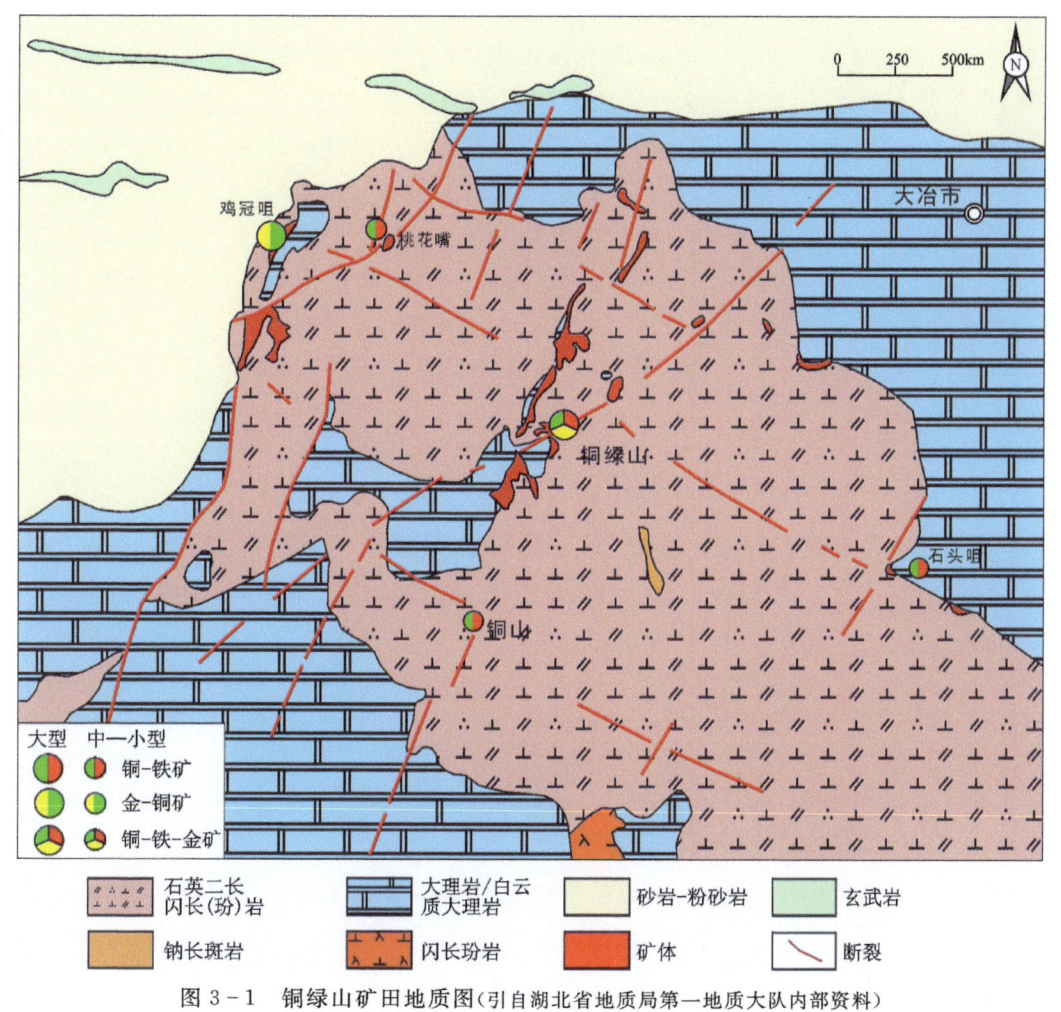

图3-1 铜绿山矿田地质图（引自湖北省地质局第一地质大队内部资料）

3.1 地 层

铜绿山-铜山铜铁金矿床是铜绿山矿田内最具代表性的矽卡岩型矿床之一。出露地层以三叠系和第四系为主,零星分布有白垩系。矿区大面积被第四系覆盖,地表仅零星出露中下三叠统嘉陵江组($T_{1-2}j$)和下白垩统大寺组(K_1d),另外深部还有下三叠统大冶组(T_1d)。嘉陵江组碳酸盐岩地层主要分布于铜绿山背斜两翼,部分出露于地表,多以捕房体、残留体的形式呈隐伏、半隐伏状分布于岩株体中。大冶组分布于铜绿山背斜核部,呈隐伏状态。大冶组和嘉陵江组的碳酸盐岩均与铜铁金成矿作用密切相关。地层由老至新分述如下。

3.1.1 大冶组

大冶组(T_1d)为一套海相连续沉积的以碳酸盐岩为主的岩石,在大冶地区总厚度为235～910m,分为4个岩性段。矿区内仅见第三至第四岩性段,呈隐伏状分布。

1. 第三岩性段(T_1d^3)

第三岩性段主要位于铜绿山矿区和铜山矿区深部,自下而上为矽卡岩化条带状含白云质大理岩、条带状大理岩、大理岩及含白云质大理岩。厚度大于220m。

(1)矽卡岩化条带状含白云质大理岩:灰白色夹黄褐色,薄层状,细—中粒。主要由方解石,少量白云石,以及微量透辉石、石榴子石、金云母、透闪石、石英等组成。条带由石榴子石、透辉石等组成,宽1～5mm。本层间夹条带状大理岩。厚度大于67m。

(2)条带状大理岩:灰色、灰白色,薄层夹微薄层,中粒,条带状。主要由方解石及微量透辉石、皂石、石英、金云母等组成。条带宽1～10mm,条带原成分为钙质、泥质,经变质成透辉石、石榴子石、硅镁石、透闪石等。本层常具变余变形层理和残留缝合线构造。厚度约为36m。

(3)大理岩:白色、灰白色,中厚层状,中—粗粒,具缝合线构造。主要由方解石及微量石英、金云母、透辉石、黄铁矿等组成。厚度约为17m。

(4)含白云质大理岩:白色、灰色、褐黄色、深灰色,薄层状,中—粗粒,具稀疏缝合线构造。主要由方解石、白云石及微量石英、金云母、透辉石、皂石等组成。厚度约为100m。

2. 第四岩性段(T_1d^4)

第四岩性段主要位于铜绿山矿区和铜山矿区深部,自下而上为厚层大理岩、中厚层大理岩夹含白云质大理岩、含灰质白云石大理岩。厚度约为107m。

(1)厚层大理岩:白色、灰白色,厚层,中粗粒。主要由方解石,少量白云石,以及极微量石英、硅镁石、黄铁矿等组成。厚度约为30m。

(2)中厚层大理岩夹含白云质大理岩:白色、灰白色。中厚层(局部为厚层)大理岩主要由方解石,微量白云石,以及极微量的石英、硅镁石、黄铁矿等组成。含白云质大理岩的组分主要为方解石、白云石及微量石英、方镁石、透辉石、黄铁矿等。厚度约为30m。

(3)含灰质白云石大理岩：灰白色、粉红色，薄—厚层，中—粗粒，含石膏假晶。主要由方解石、白云石，少量褐铁矿，以及微量硅镁石、方镁石、石膏、石英及黄铁矿等组成。厚度为23.12～47.72m。

3.1.2 嘉陵江组

嘉陵江组（$T_{1-2}j$）为一套滨海相及潟湖相连续沉积的以碳酸盐岩为主的岩石，分为3个岩性段，在矿区内分布较广泛。

1. 第一岩性段（$T_{1-2}j^1$）

第一岩性段自下而上，岩性为含灰质白云石大理岩、灰质白云石大理岩及白云质大理岩。厚度约为250m。

(1)含灰质白云石大理岩：灰白色、肉红色、淡黄色，中厚层夹薄层，中粒。主要由白云石、方解石，以及极微量石英、硅镁石、石膏、黄铁矿、褐铁矿等组成。厚度约为35m。

(2)灰质白云石大理岩：常与含灰质白云石大理岩、白云石大理岩互层，灰白色、紫红色，薄层，中—粗粒。偶具条纹状微层及锯齿状、波浪状缝合线构造。本层下部见有较大被方解石交代的石膏假晶或石膏被溶蚀形成的假晶空洞。岩石主要由白云石、方解石及微量的硅镁石、方镁石、褐铁矿、石膏、硬石膏等组成。厚度约为200m。

(3)白云质大理岩：灰白色、粉红色，薄层，常具条纹状微层理，中—细粒。主要由方解石、白云石，微量高岭石、褐铁矿，以及极微量的石英、硅镁石等组成。厚度约为15m。

2. 第二岩性段（$T_{1-2}j^2$）

第二岩性段自下而上岩性为角砾状大理岩-黑白相间条带状含白云质大理岩、灰质白云石大理岩夹含白云质大理岩、大理岩。厚度约为220m。

(1)角砾状大理岩-黑白相间条带状含白云质大理岩：灰白色，前者为厚层状，后者为薄层状。含白云质大理岩主要由方解石，少量白云石，以及微量石英、高岭石、褐铁矿、硅镁石、方镁石、蛇纹石等组成。厚度约为40m。

(2)灰质白云石大理岩夹含白云质大理岩：灰白色、灰色、米黄色、紫红色，中厚层夹薄层，中细粒，具波状起伏缝合线构造及角砾状构造。主要由白云石、方解石及微量石英、高岭石、硅镁石、方镁石、褐铁矿等组成。厚度约为100m。

(3)大理岩：灰白色、黄褐色、紫红色，中厚层夹厚层，粗粒。主要由方解石、微量白云石，以及极微量石英、硅镁石、透辉石、金云母、蛇纹石、褐铁矿等组成。厚度约为80m。

3. 第三岩性段（$T_{1-2}j^3$）

第三岩性段自下而上为白云质大理岩、角砾状灰质白云石大理岩、角砾状白云质大理岩、灰质白云石大理岩。厚度约为330m。

(1)白云质大理岩：灰色、黄褐色。主要由方解石及少量白云石和微量石英组成，含石膏假晶。厚度约为100m。

(2) 角砾状灰质白云石大理岩：灰白色、黄褐色、紫红色，薄层，中细粒，具条带状构造。主要由白云石，微量方解石，以及极微量石英、高岭石、磷灰石、赤铁矿、褐铁矿等组成，含石膏假晶。厚度约为 160m。

(3) 角砾状白云质大理岩：灰白色、黄褐色、紫红色，厚层，中细粒，条带状构造。主要由方解石，少量白云石，以及微量石英、褐铁矿等组成，含石膏假晶。厚度约为 50m。

(4) 灰质白云石大理岩：黄褐色，厚层，中细粒。主要由白云石、方解石，以及少量地开石、铁氧化物等组成。厚度约为 20m。

3.1.3 大寺组

大寺组（K_1d）火山岩岩性主要为流纹质凝灰角砾熔岩和凝灰岩等，出露面积很小，仅在铜绿山矿区西侧零星分布。

3.1.4 第四系

第四系（Q）分布较广，在研究区广泛出露。此外，在地表的部分矿体周围有残积、坡积层和人工堆积层。第四系一般厚 4~15m，最厚为 33m。

3.2 构 造

铜绿山-铜山矿床位于阳新岩体西北端，大冶复式向斜南翼与 NNE 向姜桥-下陆断裂交会处。矿床内的构造主要由印支期形成的 NWW 向及燕山期形成的 NNE 向的褶皱和断裂叠加形成。其中，NNE 向构造作用十分强烈，也是矿床内最主要的控矿构造。矿床内的构造大致可分为 4 种类型，分别是断裂构造、褶皱构造、破碎带构造和接触带构造（图 3-2）。

3.2.1 断裂构造

矿床内主要发育 4 组断裂，以 NWW 向和 NNE 向为主，次为 NW 向、NE 向。NWW 向断裂在岩体外的围岩中存在，在燕山期的岩体内也较发育。区内自北向南分布有多条 NWW 向断裂带，断裂带大致呈 300°方向延伸，具有等距分布的特征，大致按 800~1000m 的间距等距出现，是金山店-陶港断裂带的一部分（阳新岩体北缘断裂-接触复合带）。NWW 向断裂带随早期 NWW 向褶皱同步形成。在区内背斜、向斜构造的核部或核翼转折端部位形成的 NWW 向断裂为岩浆侵入提供通道，并将区内大理岩分割成 NWW 向大理岩带。其中，NWW 向石头咀-鸡冠咀断裂带与矿体关系密切。

NNE 向断裂带即铜绿山-马叫断裂带发育于石英二长闪长玢岩与大理岩的 NNE 向接触部位，为断裂与接触带构造叠加复合而成，具多期活动特征，总体走向为 20°~25°，由一系列平行-斜列的压扭性—压性断裂组成。NNE 向断裂-接触带构造是区内主要控矿构造，控制着Ⅰ、Ⅲ、Ⅳ、Ⅴ、Ⅵ、Ⅻ号等矿体的形态与展布。

NW 向断裂可能是 NWW 向断裂派生或变形的产物，以 F_{61} 断裂为代表。F_{61} 断裂出露于

3 矿区地质特征

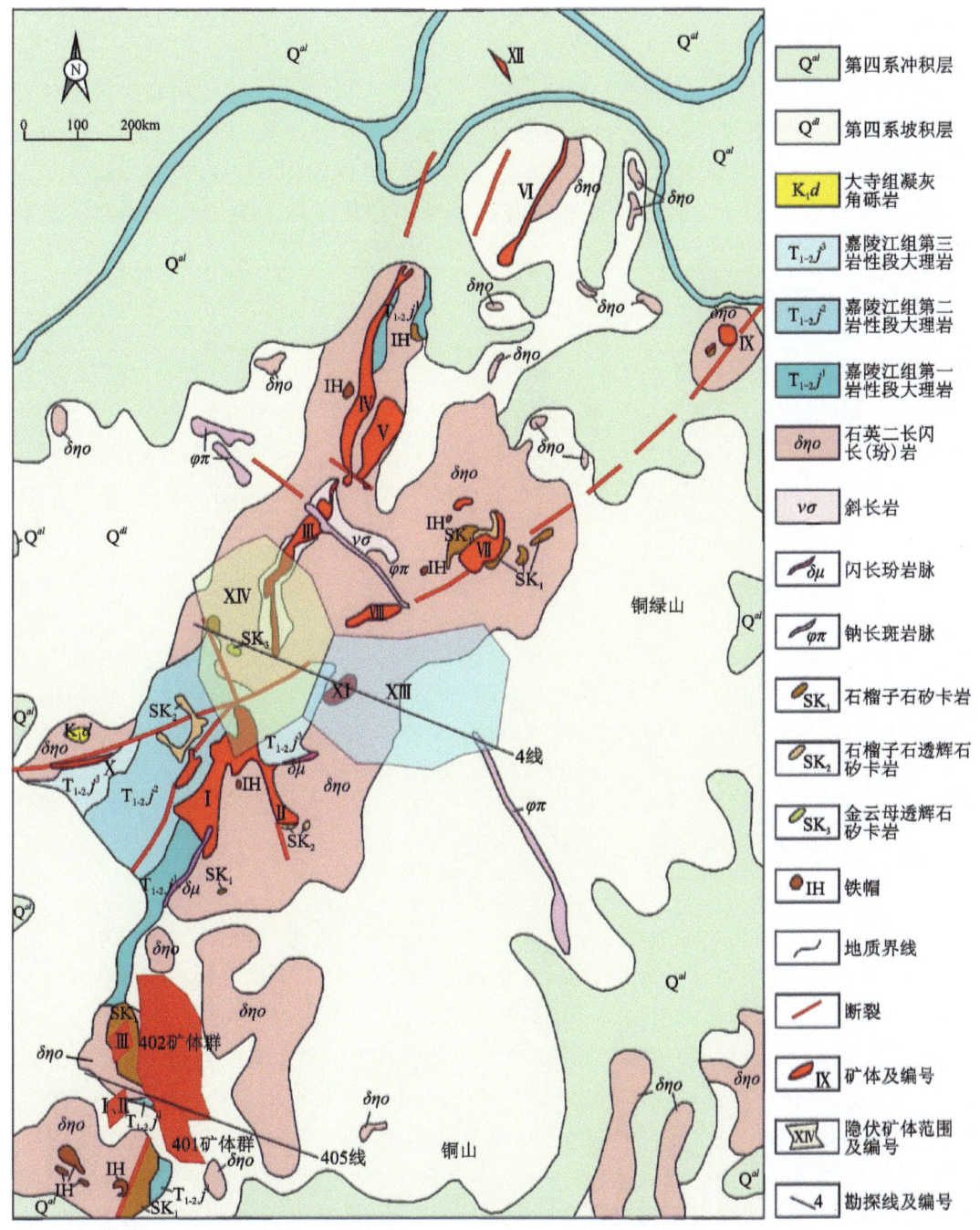

图 3-2　铜绿山-铜山铜铁金矿床地质图(引自湖北省地质局第一地质大队内部资料)

铜绿山矿区Ⅰ号矿体北端,长约 500m。铜绿山背斜的轴部由于 NW 向 F_{61} 和 F_{62} 断裂的影响,明显被错断成 3 段,12 号勘探线以南背斜轴向西错动 100~150m。

NE 向断裂主要为破钟山-大岩阴山断裂带,分布于铜绿山矿区,南起黄牛山,北到大岩阴山,长约 2.5km,宽 10~80m,走向 50°~70°,倾向 SE,倾角 70°~85°,局部近于直立。该断裂控制着铜绿山矿区Ⅶ、Ⅷ、Ⅹ号等矿体,这些矿体组成了铜绿山矿区的 NE 向矿体群。

3.2.2 褶皱构造

矿床褶皱构造以 NWW 向和 NNE 向为主。其中，NWW 向为大冶湖向斜南翼的次级褶皱；而 NNE 向为叠加褶皱，即马叫-铜绿山背斜。该背斜是矿床主要的控矿构造形式，轴部呈 22°展布，向北倾伏。背斜核部地层为大冶组第三和第四岩性段（T_1d^{3-4}），翼部为嘉陵江组第一和第二岩性段（$T_{1-2}j^{1-2}$）。矿区浅部和深部新发现的隐伏矿体主要沿背斜的两翼及核部分布。

3.2.3 破碎带构造

区内的破碎带相对来说较为发育，主要位于石英二长闪长（玢）岩与大理岩的接触带、矿体顶底板、背斜的轴部以及断裂的局部，局部见于Ⅰ、Ⅱ、Ⅲ、Ⅳ、Ⅷ和Ⅺ号矿体。破碎带中角砾的成分相对单一，与围岩岩性基本一致。破碎带与成矿的关系十分密切，一般来说，破碎带发育的地方往往矿体也发育，甚至有些矿体就直接赋存在破碎带中，形成角砾岩型铜金矿化，如Ⅷ和Ⅺ号矿体（刘继顺等，2005）。

3.2.4 接触带构造

接触带构造是区内控矿的主要构造类型，由岩体侵入碳酸盐岩地层形成。接触带总体形态复杂，按形态可分为波状、港湾状、锯齿状等，由于其接触面广，有利于形成厚大矿体，一般根据产于大理岩的位置可分为上、下接触带。厚大矿体一般产于下接触带附近，接触带与断裂、破碎带的复合部位往往更有利于形成规模更大矿体。

3.3 岩浆岩

矿区内出露的岩浆岩主要为燕山早期第三次岩浆侵入形成的石英二长闪长（玢）岩，与铜铁金成矿关系密切，形成时代约为141Ma（张世涛等，2018），呈不规则短轴椭圆状侵位于三叠系碳酸盐岩中。岩体北缘与地层围岩的接触带产状较陡，近于直立，局部北倾；南缘接触带浅部呈超覆接触，深部向南缓倾；西部岩体的接触界面复杂，浅部多有岩枝穿插，向西超覆，深部东倾，倾角中等；岩体的东部与阳新岩体（主岩体）的石英闪长岩呈港湾状接触，总体西倾。总体上，铜绿山岩体（岩株）是一个向南超覆、向南东倾斜的"偏心"蘑菇状岩株。岩体的剥蚀深度不大，顶部存在大量的围岩残留体，岩体接触带内侧发育大理岩的围岩捕虏体。

在空间上，石英二长闪长（玢）岩体有岩相的规律性变化，从东南到西北，从深部到浅部由中深成相、中浅成相向浅成相过渡。余元昌等（1985）根据钻孔揭露的不同深度岩体的结构构造和成分变化，将石英二长闪长（玢）岩体划分为3个渐变过渡相带（图 3-3）：①出露地表的边缘相石英二长闪长玢岩；②过渡相斑状石英二长闪长岩；③中央相不等粒石英二长闪长岩。从边缘相到中央相，岩石中基质从隐晶质到显晶质再到略小于斑晶颗粒大小，说明成岩时的温度越来越低，结晶时间越来越充足，利于造岩矿物的生长。除此之外，在矿床的内接触带附近，石英二长闪长玢岩局部会与石英二长闪长岩表现出渐变过渡的关系。铜绿山-铜山矿床的石英二长闪长玢岩与一般的浅成相玢岩存在差异，主要分布在矿床中深部内接触带附近，不会明显表现出与岩体侵位深度的关系(张世涛等,2018)。造成这种现象的原因可能是岩浆在冷凝结晶过程中局部遇到较冷的碳酸盐岩(围岩)时发生温度骤降。钠长斑岩、闪长玢岩、细晶岩及煌斑岩等后期脉岩广泛侵位于石英二长闪长(玢)岩体和地层中，并切割矿体。

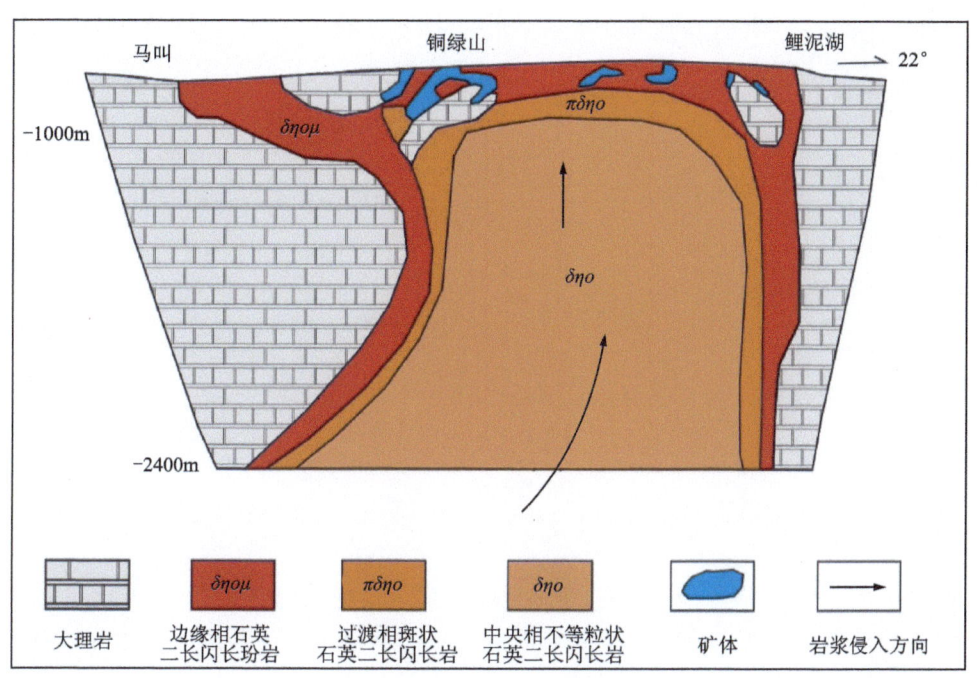

图3-3 铜绿山矿区石英二长闪长(玢)岩体产状以及岩相分带示意图(据余元昌等,1985)

前人对铜绿山矿区石英二长闪长岩及石英二长闪长玢岩全岩主量、微量及稀土元素分析结果(图3-4、图3-5)显示，二者具有相似的主量元素组成及稀土配分特征，$w(SiO_2)$= 62.00%~64.39%，$w(Al_2O_3)$=15.62%~17.06%，$w(MgO)$=0.71%~1.83%，$w(CaO)$= 3.32%~5.02%，全碱$w(K_2O+Na_2O)$=7.30%~8.22%，具有高铝质的特点。但是石英二长闪长岩相对更富Fe_2O_3(4.33%~4.82%)、MgO(1.46%~1.83%)，石英二长闪长玢岩中Fe_2O_3、MgO含量相对较低(Fe_2O_3质量分数为1.96%~4.25%，MgO质量分数为0.71%~1.55%)。在TAS图解中，样品点位于石英二长岩范围，极少数点落于二长岩范围(图3-4a);在A/NK-A/CNK图上，所有样品点均落入准铝质岩浆岩系列(图3-4b);在SiO_2-K_2O二元图上，样品点落入高钾钙碱性系列区域(图3-4c)。

从稀土元素标准化配分曲线图上可以看出，石英二长闪长岩及石英二长闪长玢岩均富集轻稀土(LREE)，亏损重稀土(REE)，富集大离子亲石元素(LILE)，亏损高场强元素(HFSE)，Eu的负异常不明显，且石英二长闪长岩的稀土总量略高于石英二长闪长玢岩(图3-5)。

通过中酸性岩浆岩Sr-Nd同位素图解可以得出(图3-6)，铜绿山矿区石英二长闪长岩的$^{87}Sr/^{86}Sr$初始值为0.705 7~0.705 8，$\varepsilon_{Nd}(t)$值介于-8.3~-6.1之间;石英二长闪长玢岩的$^{87}Sr/^{86}Sr$初始值为0.705 7~0.706 0，$\varepsilon_{Nd}(t)$值介于-6.3~-4.6之间。两者样品点均落于鄂东南地区早白垩世主要成矿岩体的数据范围，且大部分与长江中下游地区早白垩世镁铁

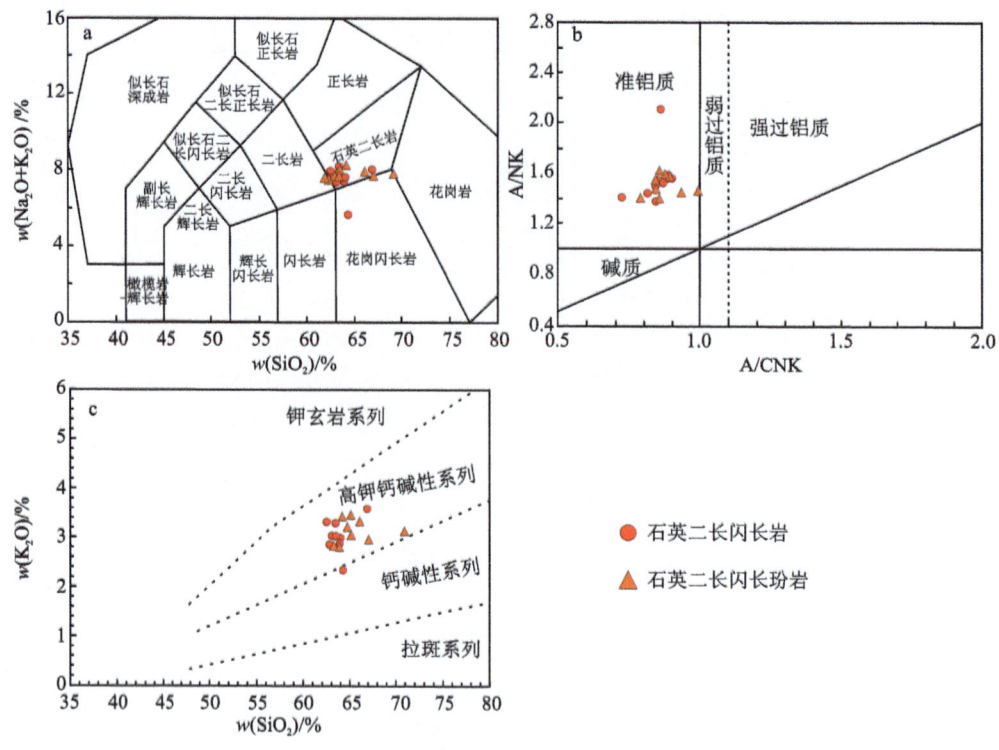

图 3-4 铜绿山矿区中酸性岩浆岩主量元素图解

a. TAS 图解(据 Middlemost, 1994); b. A/NK - A/CNK 图解(据 Maniar and Piccoli, 1989); c. K_2O - SiO_2 图解(据 Richter, 1989);铜绿山岩株数据来源于赵海杰等(2010)、张世涛等(2018)、段登飞(2019)

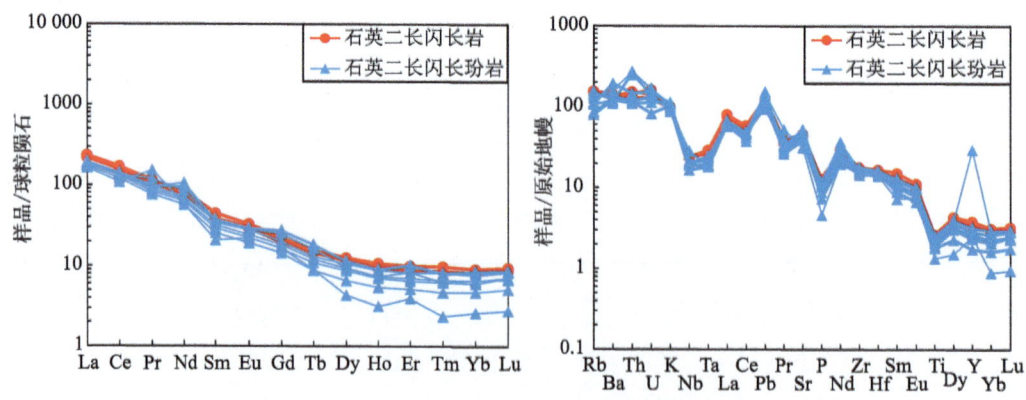

图 3-5 铜绿山矿区中酸性岩浆岩稀土元素球粒陨石标准化配分图及微量元素原始地幔标准化蛛网图

注:球粒陨石标准化数据据 Boynton (1984);原始地幔标准化数据据 Sun and McDonough (1989);铜绿山岩株数据来源于赵海杰等(2010)、张世涛等(2018)和段登飞(2019)。

质岩浆岩的数据范围一致,表明三者具有一定的相似性。铜绿山矿区两类中酸性岩浆岩属 I 型高钾钙碱性花岗岩系列,具有高硅(62.00%~64.39%)、高铝(15.62%~17.06%)、富碱(K_2O+Na_2O 质量分数为 7.30%~8.22%)、低 MgO(0.71%~1.83%)及 $Mg^{\#}$(29.3~48.3)、富轻稀土和贫重稀土元素、高 Sr/Y 和 $(La/Yb)_N$ 等特征,符合典型埃达克岩或类埃达克岩的地球化学特征,目前对其成因机制主要存在以下几种认识:①俯冲洋壳部分熔融(Defant and Drummond,1990;Kelemen,1995);②拆沉下地壳部分熔融(Xu et al.,2002;Gao et al.,2004);③加厚下地壳部分熔融(Atherton and Petford,1993;Wang et al.,2007);④玄武质岩浆混染下地壳物质经同化混染分离结晶(AFC)(Li et al.,2009;Yuan et al.,2011;Xie et al.,2015)。

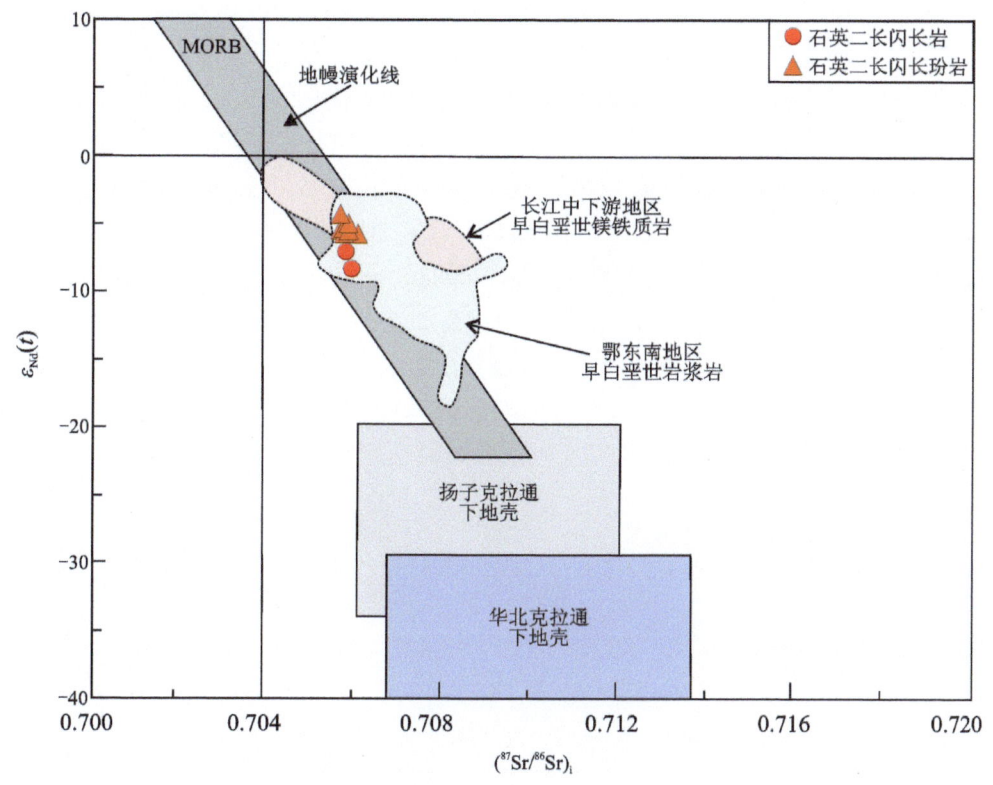

图3-6 铜绿山矿区中酸性岩浆岩Sr-Nd同位素图解

注:图中包括长江中下游地区早白垩世镁铁质岩(Yan et al.,2008)、鄂东南地区早白垩世岩浆岩(Xie et al.,2008;Li et al.,2009;赵海杰等,2010)、铜绿山岩株(赵海杰等,2010;段登飞,2019)数据。

俯冲洋壳部分熔融形成的埃达克岩一般都具有较低的 SiO_2 和 Al_2O_3 含量,较高的 MgO 含量和 $Mg^\#$。这是由于俯冲板片部分熔融形成的低镁中酸性埃达克质熔体,在上升过程中穿过弧下地幔楔时,与地幔橄榄岩反应所致,明显不同于铜绿山矿区内中酸性岩浆岩的地球化学特征(Defant and Drummond,1990;张旗等,2009)。同时拆沉下地壳部分熔融其源区成分以古老地壳为主,由于形成埃达克岩过程中熔体不可避免地会与地幔橄榄岩发生反应,产生 $w(MgO)>3\%$、$Mg^\#>50$、Cr 和 Ni 含量较高的埃达克质熔体(Hu et al.,2012;Xu et al.,2008;孙立强等,2017),而本次收集的铜绿山矿区样品的 MgO 含量及 $Mg^\#$ 均较低,表明初始岩浆未经历与地幔橄榄岩的交互作用。铜绿山矿区中酸性岩浆岩内的角闪石和黑云母均显示壳幔混合来源,且 Sr-Nd 同位素与长江中下游地区同时代的镁铁质岩浆岩具有相似的Sr-Nd同位素组成特征(赵海杰等,2010),前人研究发现鄂东南地区现今的地壳厚度仅为30~31km(翟裕生等,1992),故排除加厚下地壳部分熔融成因。综上推测,该区的埃达克质岩主要起源于富集地幔的部分熔融,然后经历大规模的分离结晶,没有经历强烈的地壳混染(Li et al.,2008,2009;Xie et al.,2008,2011a;赵海杰等,2010)。而段登飞(2019)则认为 MgO 和 Mg$^\#$ 不能用于判断该地区的岩石成因,且鄂东南地区出露的基性岩较少,不大可能分离结晶出如此较大规模的中酸性岩,提出该地区下地壳可能发生了拆沉作用,同时下地壳的拆沉导致软流圈地幔上涌。本书认为铜绿山矿区中酸性岩浆岩属 I 型高钾钙碱性花岗岩系列,与世界上多数矽卡岩型铜矿相关岩体的地球化学特征一致(Meinert et al.,2005;赵海杰等,2010)。同时大量研究表明,高氧逸度是金属进入地幔熔融形成岩浆熔体的主要条件,通常高氧逸度以高 Ce^{4+}/Ce^{3+}(>300)及 δEu(0.4~0.8)为标志(Ballard et al.,2002),而铜绿山矿区中酸性岩浆岩中锆石的 Ce^{4+}/Ce^{3+} 范围为 347~654 和 348~1231(Liang et al.,2006;张世涛等,2018)。此外铜绿山矿区岩浆岩的矿物组合中均见较多磁铁矿和榍石,黑云母的 $Fe^{3+}/(Fe^{3+}+Fe^{2+})$ 在 0.08~0.19 之间,角闪石成分计算得出的氧逸度大于 NNO+1,均指示岩浆岩形成于相对高氧逸度环境(赵海杰等,2010;Duan and Jiang,2017)。高氧逸度有利于 Cu、Au 等成矿元素在岩浆熔体中以硫酸盐的形式高度富集,同时能够阻止它们在岩浆结晶早期进入到硅酸盐矿物相,而作为不相容元素在熔体中富集(Sun et al.,2013)。岩浆中高氧逸度可能与长江中下游成矿带处于古太平洋板块或 Izanagi 板块向欧亚大陆俯冲过程中由于俯冲板片撕裂导致软流圈沿开裂处上涌而发生强烈的壳幔相互作用有关(汪洋等,2004;毛景文等,2009)。

4 矿体特征及控矿因素

4.1 矿体特征

铜绿山矿区目前已发现 14 个铜铁金规模矿体(表 4-1,图 4-1),矿体的分布主要受 NNE 向、NE 向两组构造控制,排列成两个带(表 4-1)。其中,NNE 向矿体规模大,延深长;NE 向矿体规模小,分布零星,互不连续。矿体产出的空间位置主要在侵入岩与碳酸盐岩地层的接触带附近,并且富矿体的产出部位主要在接触带和构造破碎带复合部位。矿体多以透镜状形态产出,单个矿体一般都具有中间厚、边缘薄的特点。矿区内的岩浆岩较发育,导致岩体与地层围岩会呈现多种类型的接触构造,包括楔状接触、叠瓦状接触等。矿体的形态和产出状态均会受这些接触构造的影响。一般来说,矿体赋存的有利部位主要是构造的交叉、重合、截接、转折等部位(图 4-2)。矿体在平面上表现为一组相互平行的脉,在剖面上主要呈雁列式分布,部分矿体具有尖灭再现的特点,单条矿脉一般呈狭长的透镜状产出。主矿体一般规模较大,矿体长度多在 200~520m 之间,延深多为 100~650m。

XIII 号矿体是近年来在铜绿山背斜东翼发现的深部隐伏矿体(图 4-2)。矿体主体赋存在 1~10 号勘探线之间,总体走向 NNE 向,倾向 SEE 向,倾角 30°~85°,埋深的标高位于 −1275~−365m 之间。矿体走向上长 300m,倾向延深 389~709m。XIII 号矿体主要由 1 个主矿体和 7 个分支矿体组成,其产出受接触带和叠加其上的断裂构造控制。矿体在空间上形态变化十分复杂,在北部 4 号勘探线、2 号勘探线、0 号勘探线向上接触带方向分支,至中部 1 号勘探线复合,向南在 6 号勘探线、8 号勘探线、10 号勘探线同时向上、下接触带方向分支。矿体在倾向上均具有向深部复合、向浅部分支的趋势。矿体在 6~2 号勘探线之间较厚大,向北和向南均有变薄的趋势。矿体中 Cu 含量在 6~4 号勘探线之间较高,局部有高含量黄铜矿矿石及含铜磁铁矿矿石存在,向北及向南均有贫化的趋势。矿体厚度及品位在走向上变化较大,在倾向上相对稳定。矿石类型主要为铜铁矿石,次为铜矿石及铁矿石。

XIV 号矿体是在铜绿山背斜西翼新发现的深部隐伏矿体,与南东翼 XIII 号矿体相接呈"∧"形。矿体主体赋存于 7~16 号勘探线之间,埋深在 −1532~−467m 标高之间。矿体走向 NW 向,倾向 NWW 向,倾角 55°~75°。矿体走向延长 500m,倾向延深 120~500m。矿体主要赋存在铜绿山背斜西翼岩体与大理岩的接触带部位,在走向上较为稳定,倾向上局部有分支复合现象。矿体主要受接触带构造控制,倾角较小;矿体在 8~4 号勘探线之间较厚大,厚度可达 65m,向北和向南均有变薄的趋势,平均视厚度为 27.54m,厚度变化系数为 86.99%。矿体 Cu 含量在 8~4 号勘探线之间较高,局部有高铜含量黄铜矿矿石及含铜磁铁矿矿石存在,

表 4-1 铜绿山矿区铜铁矿矿体特征表

矿体号		分布范围	长度/m	延深/m	倾向/倾角	厚度/m	矿体平均品位/%		矿体形态	主要矿石类型	备注
							Cu	TFe			
I	I$_1$	8~28号勘探线	400	最深320,一般32~270	SE/70°~80°	40~60	2.23	51.24	透镜状（向北侧伏）	铜铁矿石	
	I$_2$	12~28号勘探线	250	220~410	SE/—	4~6	1.09	37.38	似层状	铜铁矿石,次为含铜砂卡岩	已采空
II		10~18号勘探线	240	最深105~120,一般60	SE/80°~85°	34~76	2.33	47.31	楔形	铜铁矿石,次为含铜砂卡岩、铁矿石	已采空
III	III$_1$	11~2号勘探线	375	24~76	SE/50°~60°	4~54	0.79	44.49	透镜状	铜铁矿石、铁矿石	已采空
	III$_2$	0~13号勘探线	350~400	150~1000	SE/50°~85°	14~120	1.63	37.10	透镜状	铜铁矿石	
	III$_3$	9号勘探线	100	90	SE/35°	5~24	1.24	30.81	透镜状	含铜磁铁矿及含铜砂卡岩	已采空
	III$_4$	1~5号勘探线	150	上、下延深边界未控制	SE/50°~60°	12~35	1.46	38.65	透镜状	铜铁矿及含铜矿石	
	III$_5$	3号勘探线	不详	边界未控制	SE/50°~60°	15		43.02	透镜状	铁矿石	

续表 4-1

矿体号		分布范围	长度/m	延深/m	倾向/倾角	厚度/m	矿体平均品位/%		矿体形态	主要矿石类型	备注
							Cu	TFe			
IV	IV₁	13~35号勘探线	520	50~366,最大590	SE/65°~75°	18~45	1.58	37.75	扁豆状、似层状	铜铁矿石,次为铜矿石、铁矿石	
	IV₂	13~39号勘探线	600	125~330,最大370	SE/35°~55°	7~66	1.53		似层状、透镜状	铜铁矿石、铜矿石	
	IV₃	31~39号勘探线	250	78~780	SE/53°		1.43	31.10	藕节状	铜铁矿石、铜矿石、铜硫矿石	
	IV₄	13~19号勘探线	50~100	105~135	SE/40°		0.70	35.48		含铜砂卡岩、铁矿石	
	IV₅	31~35号勘探线	150	50~70		8.16~21.21				铜铁矿石	
	IV₆	31~23号勘探线	150	50~70	NW/50°	8.16~21.21	1.66	40.12	透镜状	铜铁矿石	
V		13~19号勘探线	200	110	SE/5°~45°	20~45	1.43	45.70	楔形	铜铁矿石	
VI		31~51号勘探线	320	110~205	SE/65°	5.55~27.16	0.66	33.15	楔形	铜铁矿石,次为铜矿石	

续表 4-1

矿体号		分布范围	长度/m	延深/m	倾向/倾角	厚度/m	矿体平均品位/%		矿体形态	主要矿石类型	备注
							Cu	TFe			
Ⅶ	Ⅶ₁	9~15号勘探线	165	35~105	SE/40°	12.4	1.35		囊状	铜铁矿石	
	Ⅶ₂	7~15号勘探线	200	35~285	SE/65°	3.98~20.9	0.63~1.29	27.87~40.76		以铜矿石为主,次为铜铁矿及铁矿石	已采空
Ⅷ		3~0号勘探线	115	35~70	SE/60°		0.72	27.69		含铜磁铁矿	
Ⅹ		破钟山	190	73	SE/67°	2.57	1.71	43.86		赤铁矿	
Ⅺ		2~10号勘探线	260	447~665	SE/70°		1.71	38.85	似层状、透镜状	铜铁矿石、铜矿石	
Ⅻ		51~57号勘探线	150	180~215	SE/55°	6~35	0.97	40.45	透镜状	铜铁矿石	
ⅩⅢ		5~18号勘探线	600	111~800	SE/45°~75°	57.23	1.56	35.90	似层状、透镜状	铜铁矿石、铜矿石	
ⅩⅣ		7~16号勘探线	500	120~427	NW/40°~65°	8.36~20.9	0.81	41.68	似层状、透镜状	铁矿石、铜铁矿石	

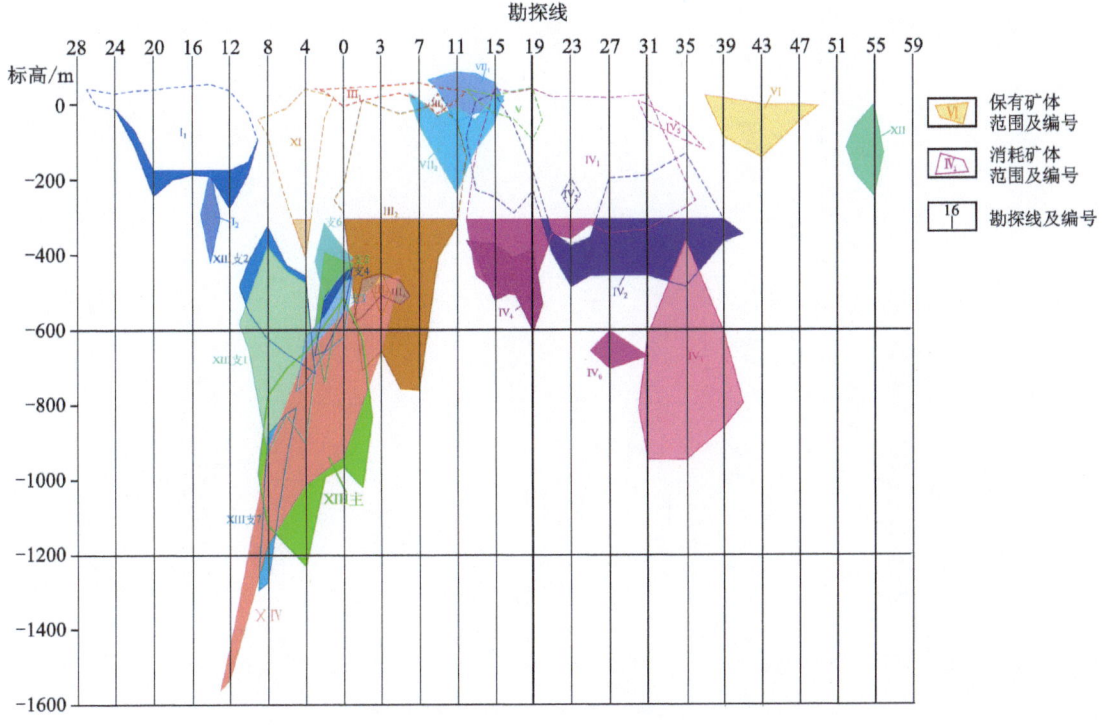

图 4-1 铜绿山矿区 Ⅰ～ⅩⅣ 号矿体垂直纵投影图

向北及向南均有贫化的趋势，矿体 Cu 平均品位为 0.96%，品位变化系数为 156.68%。矿体厚度及品位变化在走向上较大，在倾向上相对稳定。矿石类型主要为铁矿石，次为铜铁矿石及铜矿石。

铜山矿区由 401、402 号矿体群及 Ⅰ、Ⅱ、Ⅲ 号矿体组成，矿体产于深部下三叠统大冶组第四岩性段大理岩捕虏体及其与石英闪长岩的内、外接触带中。各矿体从上向下近似平行排列，分布在 401～415 号勘探线间，赋存于 -679～35m 标高间。矿石均为原生硫化矿石。各矿体总体走向 NNE 向、近 SN 向，倾向 SE 向，倾角 26°～89°。矿体均受接触构造控制，呈似层状、层状、薄板状、透镜状。矿体规模大小不等，一般长 50～86m，最长 306m，厚度一般为 2～42m，矿体有膨胀、收缩、分支复合、尖灭再现等现象。

401 号矿体群产于由中下三叠统嘉陵江组大理岩捕虏体东侧的石榴子石矽卡岩中。矿体群总体形态呈不规则的透镜体产出，分布在 401～411 号勘探线间，-268～35m 标高间，走向近 SN 向，倾向东，倾角 26°～80°。矿体在 405 号勘探线以北出露地表，以南隐伏地下，并向南东侧伏。矿体在 -20m 标高以上连接成一个整体。矿体长 253m，斜深 25～162m，厚 6.69～61.53m，平均厚 24.87m。在 -20m 标高以下矿体从南到北分支为 401Ⅰ、401Ⅱ、401Ⅲ、401Ⅳ、401Ⅴ、401Ⅵ 六个小矿体。

402 号矿体群产于铜山矿区深部下三叠统大冶组第四岩性段大理岩捕虏体与石英闪长岩的内、外接触带中，主要由 3 个规模较大的矿体（402-1、402-3、402-5）及 12 个小矿体组成。各矿体从上向下近似平行排列，矿体走向为 10° 左右，倾向 SEE 向，主要赋存于 -679～-85m 标高间。矿石全为原生硫化矿石（表 4-2）。

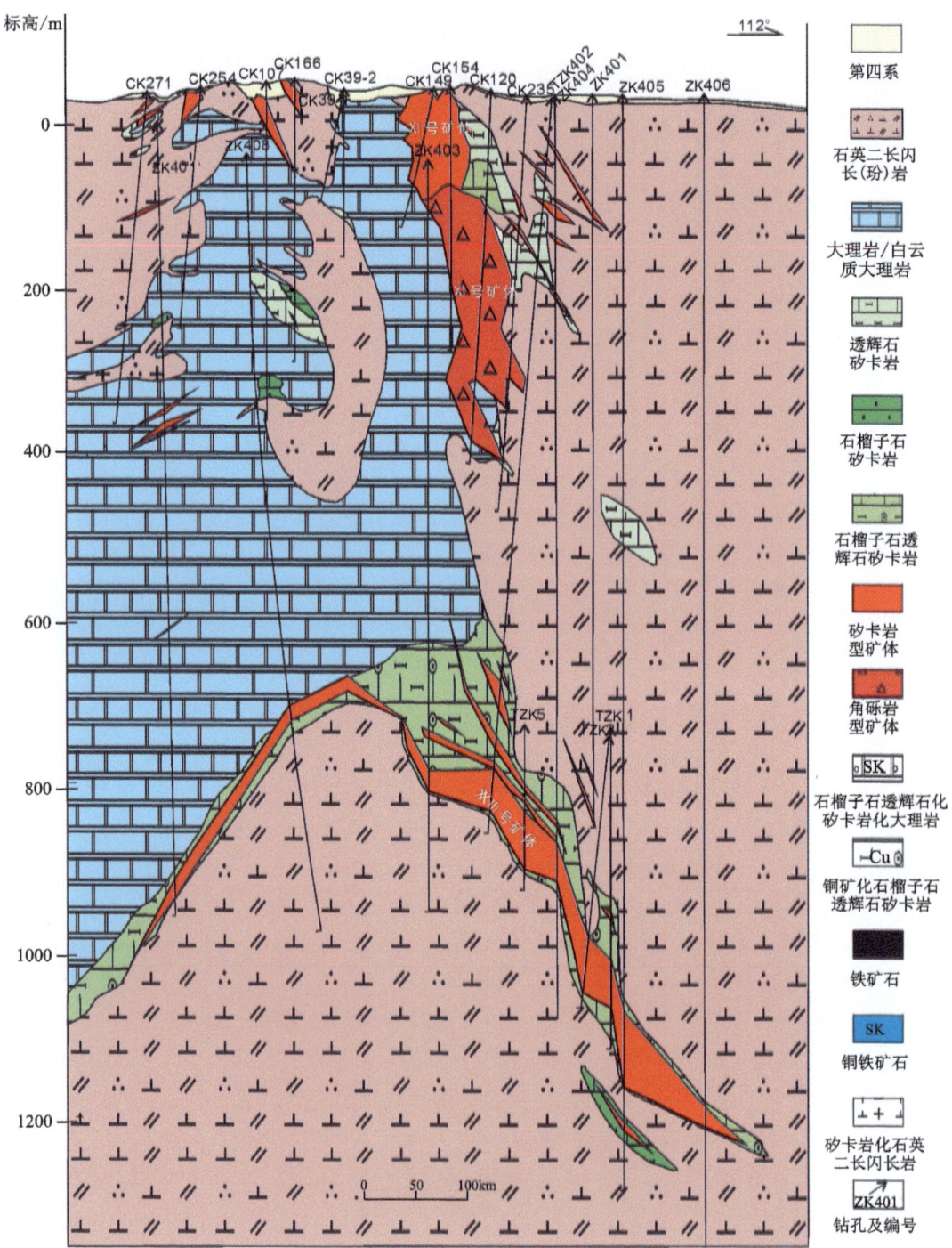

图 4-2 铜绿山矿区 4 号勘探线地质剖面图（引自湖北省地质局第一地质大队资料）

表 4-2 铜山矿区铜铁矿体特征表

矿体号		分布范围	长度/m	延深/m	倾向/倾角	厚度/m	矿体平均品位/%		矿体形态	主要矿石类型
							Cu	TFe		
401	401Ⅰ	401号勘探线	33	113	SE/70°~75°	1.73~24.49	2.24		透镜状	铜矿石
	401Ⅱ	401~407号勘探线	167	94~150	SE/60°~70°	15	2.43	31.37	透镜状	铜矿石、铜铁矿石
	401Ⅲ	405~409号勘探线	85	25~124	SE/75°~80°	8	2.34	32.62	透镜状	铜矿石、铜铁矿石
	401Ⅳ	405~407号勘探线	40	20	SE/80°	20	1.80		透镜状	铜矿石
	401Ⅴ	401号勘探线	50	124	SE/26°	9.7~10.4	3.19	27.58	透镜状	铜矿石、铜铁矿石
	401Ⅵ	401号勘探线	50	137	SE/60°	2.47~8.14	2.12	33.22	透镜状	铜矿石、铁矿石
402	402-1	411~415号勘探线	50		SEE/57°		1.05		透镜状	铜矿石
	402-3	403~415号勘探线	306		SEE/50°~85°	1~34	1.28	42.14	似层状	铜矿石、铜铁矿石、铜矿石
	402-5	405~411号勘探线	86		SEE/60°~89°	2.8~34	1.84		薄板状	铜矿石

4.2 矿石特征

4.2.1 矿石类型及矿物组成

矿床内的矿石类型较为复杂,可分为4种主要的工业类型,分别为铁矿石、铜铁矿石、铜矿石和钼矿石。其中,铜铁矿石是矿床最主要的矿石类型,其次为铜矿石,多分布于铜铁矿石的边缘。

通过野外及室内镜下鉴定,矿石金属矿物主要有磁铁矿、黄铜矿和赤铁矿,此外还含有少量的黄铁矿和斑铜矿。非金属矿物主要有石英、方解石和矽卡岩矿物组合。矽卡岩矿物以石榴子石和透辉石为主,还含有少量的绿帘石、阳起石、金云母和透闪石等。主要矿物特征描述如下。

磁铁矿:为矿床最主要的含铁矿物,手标本呈灰黑色,多以脉状、条带状或块状产出(图4-3a~d)。镜下呈棕灰色,易被后期的黄铜矿等矿物交代。

赤铁矿:为矿床次要的含铁矿物,手标本呈紫红色,容易和磁铁矿一起构成赤铁矿磁铁矿矿石(图4-3d、e)。在反射光下呈灰白色微带浅蓝色调,内反射色为朱红色。

黄铜矿:为矿床最主要的含铜矿物,手标本呈铜黄色,呈浸染状或细脉状交代矽卡岩、大理岩或磁铁矿矿石(图4-3c、f、g)。在反射光下呈黄色,容易交代早期形成的磁铁矿,可见黄铜矿包裹黄铁矿,边缘及裂隙常被斑铜矿交代。

黄铁矿:手标本呈黄白色,可见与钾长石、石英等一起呈脉状交代石英二长闪长(玢)岩体,或单独交代岩体。镜下可见黄铁矿呈自形—半自形粒状或压碎结构,容易被后期黄铜矿和斑铜矿交代溶蚀,生成时间早于黄铜矿。

斑铜矿:为矿床主要的含铜矿物之一,其含量仅次于黄铜矿。手标本表面多呈蓝紫锖色,少见新鲜面,常呈浸染状分布(图4-3f)。反光镜下呈紫玫瑰色,常沿黄铜矿边缘及裂隙交代,可见斑铜矿从黄铜矿中出溶。

4.2.2 矿石结构构造

4.2.2.1 矿石结构

自形、他形粒状结构:可见自形磁铁矿呈近四面体,自形黄铁矿呈立方体、五角十二面体。晚期结晶的矿物多呈他形粒状结构,如晚期的黄铜矿、斑铜矿等。

压碎结构:可见黄铁矿受后期应力作用被压碎,又被后期晶出的矿物沿边缘和裂隙充填交代(图4-4a)。

交代结构:主要表现为黄铁矿、黄铜矿交代早期生成的磁铁矿;斑铜矿沿黄铜矿的边缘及裂隙交代等(图4-4b);可见辉钼矿沿黄铜矿的边缘分布(图4-4c);黄铜矿和斑铜矿交代较早生成的黄铁矿(图4-4d)。

包含结构:常见黄铜矿呈不规则状包裹黄铁矿(图4-4e)、石榴子石、磁铁矿等。

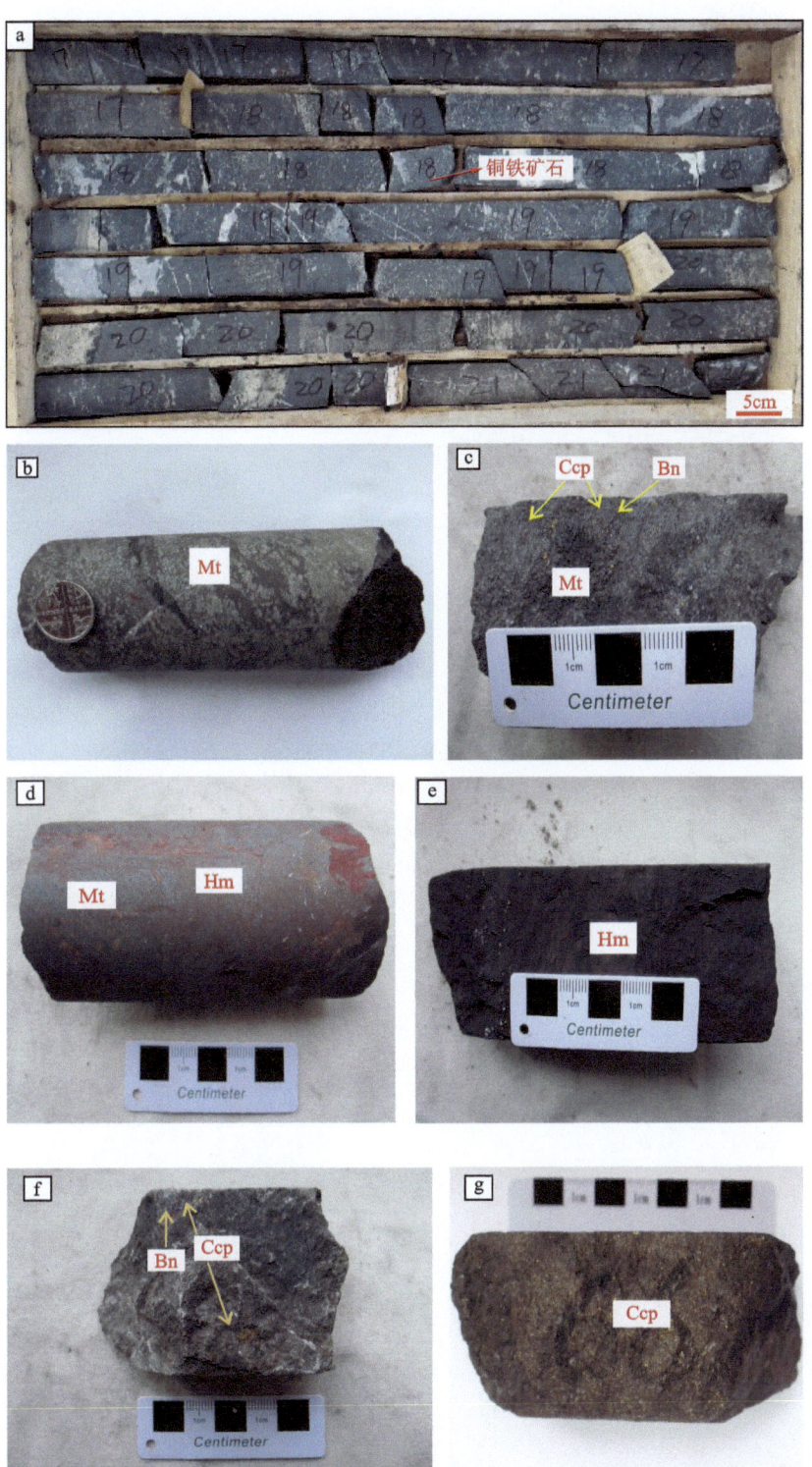

图4-3 铜绿山-铜山矿床矿石类型

a.磁铁矿矿石;b.脉状磁铁矿矿石;c.黄铜矿磁铁矿矿石;d.赤铁矿磁铁矿矿石;e.赤铁矿矿石;f.脉状黄铜矿斑铜矿矿石;g.浸染状黄铜矿矿石;Bn.斑铜矿;Ccp.黄铜矿;Hm.赤铁矿;Mt.磁铁矿

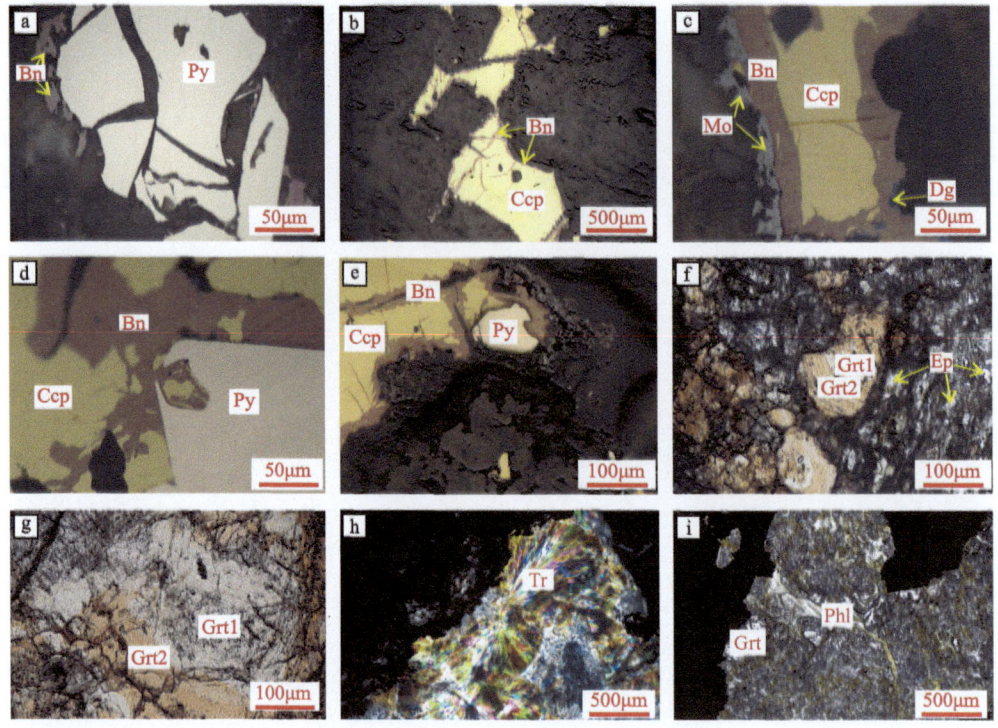

图 4-4 铜绿山-铜山矿床矿石镜下照片

a. 黄铁矿压碎结构;b. 斑铜矿沿黄铜矿的边缘及裂隙交代;c. 辉钼矿沿黄铜矿的边缘分布;d. 黄铜矿和斑铜矿交代黄铁矿;e. 黄铜矿呈不规则状包裹黄铁矿;f. 绿帘石交代石榴子石;g. 两期石榴子石;h. 透闪石呈放射状;i. 金云母交代石榴子石;Bn. 斑铜矿;Ccp. 黄铜矿;Dg. 蓝辉铜矿;Di. 透辉石;Ep. 绿帘石;Grt1. 第一期石榴子石;Grt2. 第二期石榴子石;Mo. 辉钼矿;Phl. 金云母;Py. 黄铁矿;Tr. 透闪石

4.2.2.2 矿石构造

脉状构造:黄铜矿、斑铜矿、磁铁矿呈脉状沿矽卡岩裂隙分布(图 4-3b、c)。

浸染状构造:黄铜矿呈斑点状交代矽卡岩形成浸染状构造(图 4-3g)。

块状构造:赤铁矿、磁铁矿交代石榴子石和透辉石,构成致密块状矿石(图 4-3d、e)。

4.3 围岩蚀变

铜绿山-铜山铜铁金矿床的围岩蚀变类型主要为矽卡岩化,其发育在大理岩地层与岩体的接触部位,与铜铁金矿化关系密切。根据钻孔岩芯编录和光薄片显微镜下观察结果,主要蚀变矿物有石榴子石、透辉石、绿帘石、金云母、阳起石、透闪石、钾长石、石英、方解石等,不同蚀变矿物详细特征描述如下。

钾长石化在石英二长闪长(玢)岩中分布广泛,主要以脉状形式产出(图 4-5a),脉宽在 1~20cm 之间,局部以面状或不规则状交代斜长石、角闪石等。钾长石往往与石英和黄铁矿共生,构成钾长石-石英-黄铁矿脉(图 4-5b、c)。

石榴子石和透辉石呈不规则状或自形晶粒状(图 4-5d、e);绿帘石呈细粒状、短柱状、长柱状等(图 4-5f);阳起石呈放射状集合体;金云母呈鳞片状集合体(图 4-4i);蛇纹石多与金云母、磁铁矿等共生,并以鳞片状集合体为主;透闪石多交代石榴子石或透辉石,呈纤维状、柱状、放射状等(图 4-4h)。

绢云母化往往与钾长石化伴生,主要表现为交代岩体中的斜长石。在内接触带附近,局部可见绿帘石交代早期生成的石榴子石,又被后期的钾长石交代。

石英主要呈团块状和细脉状产出,在矽卡岩、铜铁矿体上下盘及矿体尖灭处的大理岩部位较为发育。

绿泥石化是矿床内分布最广泛的蚀变类型之一,在石英二长闪长(玢)岩、大理岩、矽卡岩及矿体中普遍存在。在岩体中,绿泥石主要由黑云母、角闪石等暗色矿物发生绿泥石化形成。在矽卡岩及矿体中,特别是在硫化物阶段,发育较多的热液绿泥石化。

碳酸盐化分布较为广泛,主要见于矽卡岩和矿体中,局部发育在石英二长闪长岩和后期岩脉中。手标本中可见方解石呈脉状切割磁铁矿-黄铜矿矿石及铁白云石-方解石交代磁铁矿,亦可见方解石脉切割石榴子石/透辉石矽卡岩。

图 4-5 铜绿山-铜山矿床不同蚀变与矿化

a. 钾长石脉;b、c. 钾长石-石英-黄铁矿脉;d. 透辉石石榴子石矽卡岩;e. 含磁铁矿透辉石石榴子石矽卡岩;f. 绿帘石透辉石矽卡岩;Di. 透辉石;Ep. 绿帘石;Grt. 石榴子石;Kfs. 钾长石;Mt. 磁铁矿;Py. 黄铁矿;Qtz. 石英

4.4 成矿期次

根据铜绿山-铜山铜铁金矿床中脉体的穿插关系、蚀变矿物的共生组合及相互包裹关系、矿石的结构构造等特征,本次将铜绿山-铜山铜铁金矿床的成矿期次划分为2期5个阶段(图4-6),具体描述如下。

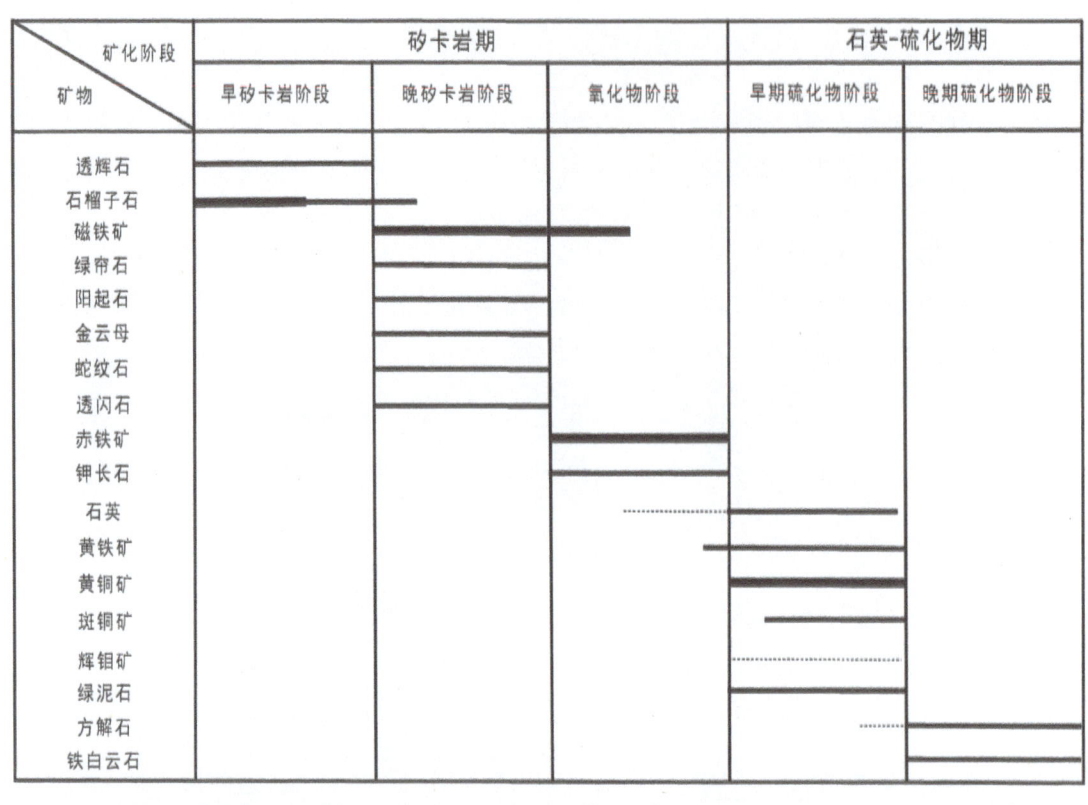

图 4-6 铜绿山-铜山矿床成矿阶段划分

4.4.1 矽卡岩期

Ⅰ早矽卡岩阶段:此阶段形成的矿物主要是石榴子石和透辉石,且石榴子石可以分为两期:①第一期石榴子石颜色主要为深褐色—深绿色,中细粒,在镜下可观察到石榴子石多呈自形或半自形,均质性,环带不发育,后期绿帘石沿石榴子石的裂隙或粒间充填交代;②第二期石榴子石颜色多为红褐色—浅绿色,沿第一期石榴子石边部或裂隙生长,环带发育,局部被磁铁矿和方解石交代(图4-4f、g)。透辉石呈淡绿色—墨绿色,在镜下多呈无色,细粒状或短柱状,常与石榴子石共生。

Ⅱ晚矽卡岩阶段:此阶段主要形成一些退化蚀变的矿物,包括绿帘石、阳起石、金云母、蛇纹石和透闪石等,以绿帘石为主。绿帘石呈草绿色,细粒状或短柱状,在薄片中呈淡绿色。绿帘石有两种产出状态,一种充填在石榴子石粒间,另一种沿石榴子石的裂隙交代。同时,此阶段也是磁铁矿大量形成的阶段,是矿床重要的成矿阶段之一,大量的磁铁矿与退化蚀变矿物共生。

Ⅲ氧化物阶段:此阶段主要形成赤铁矿和磁铁矿以及少量长石类和云母类矿物,以局部出现块状和脉状铁氧化物矿石为特征,是矿床的成矿阶段之一。

4.4.2 石英-硫化物期

Ⅳ早期硫化物阶段:此阶段是矿床最主要的成矿阶段,形成的金属矿物主要为黄铜矿和斑铜矿。此外,还有少量的黄铁矿和辉钼矿,并且此阶段也是石英大量形成的阶段。黄铜矿是矿床最重要的含铜矿物,在手标本上为铜黄色,主要为细脉状或浸染状交代磁铁矿矿石或矽卡岩,在镜下多交代早期形成的磁铁矿和黄铁矿,且黄铜矿边缘及裂隙又被斑铜矿交代。此外,此阶段还出现较多的绿泥石,绿泥石常呈不规则状交代早期的石榴子石或透辉石。

Ⅴ晚期硫化物阶段:此阶段又称为碳酸盐阶段,以形成大量的碳酸盐矿物为特征,主要为方解石,还出现少量的铁白云石。方解石常呈脉状交代石榴子石/透辉石矽卡岩或石英二长闪长(玢)岩,局部出现方解石和铁白云石一起交代磁铁矿。

4.5 控矿因素与成矿规律

4.5.1 控矿因素

铜绿山-铜山铜铁金矿床地处长江中下游成矿带最西部的鄂东南矿集区,矿体主要分布在中酸性岩体与特定层位沉积地层的接触带上,多呈透镜状、似层状且明显受接触带构造控制,为鄂东南地区典型的矽卡岩型矿床。矿体产出与就位是区内地层-构造-岩浆岩等关键控矿因素共同的作用的结果,各要素对成矿的具体控制作用剖析如下。

1. 地层与成矿

铜绿山-铜山矿床受地层控制作用明显,其中以三叠系嘉陵江组和大冶组的第三、第四岩性段碳酸盐岩地层与成矿作用关系最为密切,是区内最重要的控矿地层,为成矿提供有利的围岩条件和储聚空间。其他岩性段也有矿体产出,但规模相对小。从地层岩性成分差异来看,受碳酸盐岩地层中钙、镁及泥质含量不同所造成的化学性质差异影响,富钙或含一定钙质的大理岩和白云质大理岩对成矿有利(赵海杰,2010),酸不溶物较少、质纯的嘉陵江组大理岩及白云质大理岩化学性质活泼,利于交代作用的发生(徐玮等,2010)。此外,区内大理岩层理发育,常形成厚薄互层,因而在构造应力的作用下容易发生破碎分离,为矽卡岩的形成和矿液的充填交代创造良好的物理条件。在岩浆侵入热力和动力作用下,碳酸盐岩容易产生塑性流变,导致接触面多种形态的变化和层间虚脱的产生,为矽卡岩和矿液交代充填提供了有利的空间。

2. 构造与成矿

不同级别不同类型的构造对铜绿山-铜山矿床起着重要的控矿作用。区内褶皱、断裂控制了矿床的空间展布，接触带构造进一步控制了矿体的规模、形态与产状等。具体表现为：成矿前 NWW—EW 向石头咀-鸡冠咀复式向斜控制了区内大冶组及嘉陵江组地层的展布，NWW 向和 NNE 向断裂构造则控制了区内岩体的侵位与展布。成矿期构造活动明显，燕山期 NNE 向断裂构造沿铜绿山背斜的两翼接近轴部发展，岩浆岩沿此方向分割包裹大理岩，形成一系列半岛状、悬垂体状捕虏体，进而构成有利于矿体形成的接触带构造。接触构造形态与成矿有重要关系，大理岩呈半岛状伸入岩浆岩中的部位接触面广，有利于继承性断裂的延续扩张，利于矿液渗透沉淀，形成的矿体规模较大，如铜绿山矿区 XIV 号矿体；大理岩呈捕虏体被岩浆岩包围者，形成的矿体规模较小。

3. 岩浆岩与成矿

鄂东南地区成矿作用与岩浆活动具有同源、同时间、同空间的时空分布特点（赵海杰，2010）。铜绿山矿区石英二长闪长（玢）岩体与铜铁金成矿关系密切相关。在岩浆岩地球化学特征方面，石英二长闪长（玢）岩在组成上具有高挥发分、富水、含铜丰度较高等特征，氧逸度也与世界级大型斑岩型矿床成矿/含矿斑岩相似（赵海杰等，2010；Duan and Jiang，2017），暗示具有良好的矿化潜力，其富含成矿元素的原始岩浆可能为成矿提供了重要的物质基础；在时间上，石英二长闪长（玢）岩锆石 U-Pb 定年结果显示其形成于 141Ma，研究得到的铜铁成矿年龄为 140~137Ma（谢桂青等，2009；Xie et al.，2011c），表明岩体侵位与矿化近乎同时发生；在空间上，矿体受岩体与三叠系碳酸盐岩类围岩接触带的控制，而接触带、矽卡岩及矿体的空间分布、形态、产状和规模又受到岩体的分布、形态等特征的制约。

4.5.2 成矿规律

1. 矿床（体）时空分布规律

区内岩浆活动具有多期次侵入的特点，随燕山早期的岩浆演化（闪长岩-石英二长闪长岩-石英二长闪长玢岩），成矿作用显示出铜金（硫）-铜（铁）-铜铁（金）相对应演化的特征（徐玮等，2010）。矿化类型在水平空间上以鸡冠山—黄牛山—马叫沿线为界，东侧矿化以铜铁金为主，西侧则以铜金硫为主。矿体受断裂与接触带构造控制，主要集中分布在 NNE 向铜绿山-马叫断裂带与 NWW 向石头咀-鸡冠咀断裂带上。

2. 成矿流体与成矿物质来源

前人对铜绿山-铜山矿床不同成矿阶段流体包裹体研究得出，成矿流体属于 $NaCl-H_2O$ 流体体系，且存在高盐和低盐度两种不同的流体。矽卡岩期具有高温高盐度的特征，石英硫化物期具有中低温、盐度变化大的特点（赵海杰，2010）。氢氧同位素分析结果表明，在矿床演化过程中，早期以岩浆水为主，后期可能混入大气降水（王彦博，2012）。对石英-硫化物期碳氧同位素研究表明,热液中的碳质主要为深部岩浆来源,晚期与碳酸盐地层发生了明显的交换反应(赵海杰等,2012)。矿石中硫化物的硫同位素组成特征反映了硫来自深源岩浆,矿石铅同位素组成稳定,主要来源于上侵过程中受地壳物质混染的幔源岩浆(王彦博,2012)。基于岩石/矿石地球化学主微量地球化学分析结果显示,从石英二长闪长岩到矽卡岩阶段,再到硫化物阶段,Fe_2O_3 和 MnO 含量均表现出先增大再减小的特征,表明在接触交代过程中,Fe、Mn 等元素逐渐被成矿流体从岩体中带出,在构造的有利位置发生沉淀并富集;从矽卡岩阶段到硫化物阶段,MgO 和 CaO 含量表现出截然不同的变化特征,当矿化强烈时,MgO 含量急剧增高,CaO 含量急剧降低,说明铜矿化可能与镁矽卡岩有关(王敏芳等,2019)。

3. 成矿作用与矿床成因

铜绿山-铜山铜铁金矿床为典型接触交代矽卡岩型矿床,赋矿围岩为三叠系大冶组和嘉陵江组大理岩,成矿与岩浆活动关系密切,成矿物质主要来自深部分异的岩浆热液,侵入接触带、断裂-侵入接触带以及靠近侵入接触带的大理岩层间破碎带是重要的控矿构造。岩浆侵入所形成的含矿热液沿着侵入接触带或断裂-侵入接触带运移上升,在断裂-侵入接触复合带和大理岩层间破碎带与大理岩发生接触交代作用,由于化学成分、物理条件的变化,导致矿质沉淀形成矿体。

5 数据采集与三维地质数据库建设

5.1 资料收集与整理

运用 Surpac 建模软件对铜绿山-铜山铜铁金矿床进行三维可视化研究，首先需要对该地区进行系统的资料收集整理。本次研究充分利用区内已完成的基础地质、地球物理、地球化学、矿产勘查和科研成果等，重点收集了矿山近年来的各类地质和探采资料（表5-1），分析掌握区内铜铁金成矿的主要控矿因素与矿床成因，并参考了相关三维地质建模的技术方案与三维地质空间分析、深部立体找矿的技术方法。

表 5-1 勘查项目资料收集清单

资料名称	单位	数量	格式	比例尺
湖北省大冶市铜绿山矿区勘查报告	份	3	PDF	
储量核实报告	张	2	PDF	
地形地质图	张	4	JPG	1∶2000、1∶1万、1∶5万
勘探线地质剖面图	张	56	JPG	1∶1000
中段地质平面图	张	18	JPG	1∶1000、1∶500、1∶200
钻孔柱状图	张	68	JPG	1∶200
垂直纵投影图	张	14	JPG	1∶1000、1∶2000
光谱分析结果表	份	57	Excel	
重磁数据	份	1	Excel	1∶1万

5.1.1 资料收集与整理要求

（1）汇集矿产勘查及综合研究过程中获取与收集的各种原始数据、图件和统计表格等资料，并按照性质和来源对其进行系统整理和分类，分为基础地理、基础地质、勘查工程、物探、化探、遥感和其他相关数据。用于建模的地质工作及地质资料应符合《固体矿产勘查工作规范》（GB/T 33444—2016）、《固体矿产地质勘查规范总则》（GB/T 13908—2020）、《固体矿产勘查原始地质编录规程》（DZ/T 0078—2015）、《固体矿产勘查地质资料综合整理综合研究技术要求》（DZ/T 0079—2015）、《地质图用色标准及用色原则（1∶50 000）》（DZ/T 0179—1997）等规范要求。

(2) 基础地理数据包括数字高程模型(Digital Elevation Model,简称 DEM)或数字正射影像图(Digital Orthophoto Map,简称 DOM),以及地形、地貌、水系、植被、居民地、交通、境界、特殊地物、地名、地理坐标系格网等要素。

(3) 基础地质数据包括区域地质调查、矿产调查等形成的野外观察和编录数据、文字报告、相关图件、测试数据及相关资料等。

(4) 勘查工程数据包括矿区填图和钻探、坑探、槽探等各类勘查工程施工过程中所获取的各种文字记录、特征描述、矿物与化学成分、物理力学性质测试,以及柱状图、剖面图和平面图等。此外,还包括与矿产资源评价相关的工业指标等。

(5) 物探、化探数据包括各类航空地球物理勘查、地面地球物理勘查、区域地球化学勘查、矿区地球化学勘查等所获取的数据以及解译或解释结果。

(6) 其他相关数据包括在矿产勘查过程中所进行的与成矿条件研究相关的岩浆岩相、沉积相和变质相的分析成果,以及与成矿预测相关的控矿因素和各种找矿标志等。

5.1.2 资料建库的标准与要求

(1) 三维地质建模区域范围与研究区范围相一致,不应小于研究区实际勘查范围或探矿工程控制的矿床分布范围。建模范围在平面上应以拐点的地理坐标形式标定,剖面上以海拔高程标定。

(2) 用于建模的剖面线间距与研究区的实际勘查工程间距或勘查阶段要求的工程间距相一致,剖面可以是实测的,或根据研究区大比例尺地质图图切的。

(3) 采用以勘查线剖面或/和探矿工程为主的数据,构建三维地质模型,勘查线剖面或探矿工程间距应与矿区的实际勘查工程间距一致。当勘查线剖面或工程数量不足时,可以补充虚拟剖面或工程。

(4) 已探明矿体的深部及外围,可按照已有勘查线间距和勘查线的延伸方向补充虚拟勘查线剖面或采用地球物理数据,建立三维地质模型,勘查线剖面间距应是已探明矿床实际勘查工程间距的 2~3 倍。

(5) 按《地质矿产勘查测量规范》(GB/T 18341—2021)的相关要求和研究区测量实际情况,确定建模使用的坐标系统和投影方式,在后续的数据处理和数据库构建、三维地质模型构建时应将空间数据转换为统一的坐标系统和投影方式。

(6) 根据研究区勘查工作程度、勘查阶段及地质资料的类型和精度,确定拟采用的数据模型和建模方法,选取合理的建模技术路线。

5.1.3 数据处理及格式要求

(1) 应将各类原始数据处理成为地质建模可用的源数据,包括进行资料地质语义一致性处理、数据格式标准化处理、建模数据录入和空间一致性处理等,并整理成建模软件所要求的数据格式。

(2) 对纸质的图形和图像数据应进行数字化、矢量化和几何校正;对文字记录或测试表格应按照其性质和来源进行系统的整理和分类,并进行规范化和标准化处理。

(3) 应利用 DEM、等高线和点云等数据,进行内插和滤波处理,建立地形模型。可将影像数据作为纹理映射在相对应的地形模型上,以增强地形模型的逼真程度。

(4)应将中段地质平面图、勘查线地质剖面图、坑探素描图、槽探素描图、物化探解释剖面图和钻孔柱状图等进行分层处理,赋以统一的空间参照系和高程坐标。对构造、地层、岩体、矿体、蚀变带、岩浆岩相、沉积相和变质相等,进行识别、解释、描述和定位等处理。数字化地质图图层及属性文件格式应符合《数字化地质图图层及属性文件格式》(DZ/T 0197—1997)的要求。

(5)根据剖面图的坐标及高程范围进行三维几何校正,将二维剖面图定位至三维坐标系中。

(6)将勘查工程(钻孔、探槽、浅井、浅钻、钻探、坑道)抽象为以钻孔为代表的表格数据,主要字段应包括钻孔号、孔口坐标(X,Y,Z)、终孔深度、测点深度、倾斜角或天顶角、方位角、分层信息、岩性、样品编号、取样位置、样长和分析测试结果等。

5.2 三维数据库构建

数据库建设主要是基于 Surpac 软件地质数据库模块。该软件支持 Oracle、Paradox 和 Microsoft Access 等多种数据库类型,地质数据库可由多达 50 个表组成,每个表存储着多达 60 个不同类型的字段。地质数据库模块不仅有数据存储功能,而且还具有较强的统计分析功能,依据 Surpac 地质数据库模块的格式要求,构建三维空间多元信息数据库,实现三维数据动态化管理,为后续数据管理、三维地质建模、区块建模、地质统计学、矿山设计、矿山规划、资源估算等提供基础数据支撑,亦可为多元数据信息的深度挖掘与三维空间尺度地质、地球化学、地球物理模型的建立提供基础数据源。

5.2.1 多元信息数据库内容及结构要求

(1)规定的地质建模主题数据库应限于所选建模软件相匹配的数据库系统。

(2)三维地质建模主题数据库应存储管理地质勘查工程数据、样品测试数据、地球物理数据、地球化学数据,以及包括地质要素单元边界和内部特征的三维结构模型和三维属性模型数据。

(3)三维地质建模主题数据库的数据类型应包括空间数据和属性数据。空间数据一般应以三维空间中的点、线、面和体等矢量形式表达,以文件形式存储,属性数据一般应以表格形式存储。

(4)三维地质建模主题数据库采用统一规范的空间数据编码体系,基本功能应包括空间数据和属性数据的导入、导出、存储、查询和更新等,能实现空间数据及属性数据的高度集成。

5.2.2 三维空间数据结构模型选择

(1)可根据建模数据的来源、格式和建模对象的性质、类型,以及空间分析、资源储量估算等应用的需求,合理选择三维空间数据结构模型。

(2)当以地质对象的表面特征和几何形态为建模目标时,宜采用面元数据结构模型。

(3)当以地质对象的内部属性为主要目标进行建模时,宜采用体元数据结构模型。

(4)为了集成面元数据结构模型能便于显示和数据更新及体元数据结构模型易于描述地质体内部的非均质性,并适合进行空间操作与分析的优点,实现复杂地质体三维地质建模及相关专业分析,宜采用混合数据结构模型。

5.2.3 三维数据库构建

构建地质数据库是建立三维地质模型的首要条件。地质数据库是矿床建模系统中管理地质数据信息的数据库。地质数据信息可以从钻孔、坑道、探槽等各种地质勘探工程中获取。其中,钻孔数据是建模过程中获取地质数据的最常用的手段。地质数据库构建的具体流程及方法如下。

1. 地质数据库结构

在导入数据之前需要先建立数据库的结构,数据库的结构是数据库的一个框架,建立好之后可以导入需要的数据,从而实现数据的管理、维护、分析、处理。

在 Surpac 软件中可以定义不同类型的数据库文件,在建模过程中所建立的数据库都是通过 Microsoft Office Access 软件来存储和管理地质信息。通过结合 Surpac 软件所需地质数据库的结构要求和铜绿山-铜山矿床的实际情况,对所收集到的地质勘查数据进行分析和整理,以地质钻孔数据为数据源,建立铜绿山-铜山矿床的地质数据库。数据库包括 4 类信息表,分别为开孔表(collar 表)、测斜表(survey 表)、岩性表(geology 表)、化验表(sample 表)。上述 4 类表为地质数据库的原始资料,加上 Surpac 软件自带有的另外 2 类非强制表,即转换表(translation 表)和风格表(style 表),组成地质数据库结构,如图 5-1 所示。

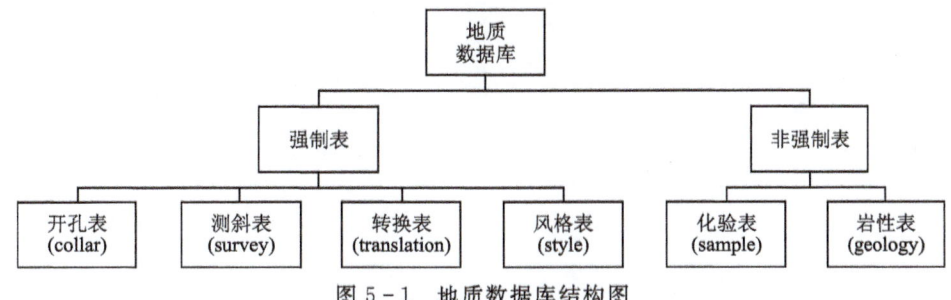

图 5-1 地质数据库结构图

(1)开孔表(collar 表):开孔表用于存储钻孔定位信息。该数据表的结构如表 5-2 所示,包括钻孔号、钻孔位置、终孔深度及勘探线号等字段。其中,需要注意的是 Surpac 软件采用的是西方矿业标准,Y 表示北坐标,X 表示东坐标。

(2)测斜表(survey 表):测斜表用于存储钻孔测斜数据,在 Surpac 软件中用于控制钻孔孔迹线的形态和延伸方向。该结构如表 5-3 所示,包括钻孔号、测点深度、方位角、倾斜角等字段。需要注意的是测斜数据中钻孔的倾角,仰角为正(上向孔),俯角为负(下向孔)。

(3)岩性表(geology 表):岩性表用于存储岩性信息和位置信息。岩性是以用户规定的编码形式进行输入的,可以是数字或者英文字母。位置是某岩性段起始和终止位置的钻进深度。该数据表的结构如表 5-4 所示,包括钻孔号、深度、岩性等字段。需要注意的是,岩性开始深度和岩性终止深度不能超过最大孔深,且不能重叠,否则 Surpac 软件在导入数据时会报错。

表 5-2 开孔表结构

字段名称	注释
hole-id	钻孔号
X	东坐标
Y	北坐标
Z	高程
max-depth	终孔深度
hole-path	孔迹线类型
勘探线号(手动添加)	勘探线号

表 5-3 测斜表结构

字段名称	注释
hole-id	钻孔号
depth	测点深度
azimuth	方位角
dip	倾斜角

表 5-4 岩性表结构

字段名称	注释
hole-id	钻孔号
sample-id	样号
depth-from	深度自
depth-to	深度至
lithology(需手动添加)	岩性

(4)化验表(sample 表):化验表用于存储岩芯中样品的分析结果。该数据表的结构如表 5-5 所示,包括钻孔号、深度、样品编号、元素品位等字段。

表 5-5 化验表结构

字段名称	属性
hole-id	钻孔号
sample-id	样品编号
depth-from	深度自
depth-to	深度至
元素品位(需手动添加)	元素品位

(5)风格表(style 表):风格表是一个强制表,无需用户编辑,通过操作 Surpac 软件可以自动生成,用于保存钻孔显示风格等信息。该数据表的结构如表 5-6 所示。

表 5-6 风格表结构

字段名称	注释
code	字段内容
field-name	字段名称
from-value	从数值开始
fraphics-colour	图形颜色
graphics-pattern	图形型式
line-colour	线色
line-style	线型
line-weight	线宽
marker-size	标注字号
marker-style	标注型式
plotting-colour	点色
plotting-pattern	点型
style-type	类型
table-name	表名称
to-value	到数值结束

(6)转换表(translation 表):转换表是 Surpac 软件自动创建的数据表,被保存在于每个钻孔地质数据库中。该表用于将一些非数字的字符代码转换成该代码等同的数字的值,保证非数字的记录能导入到数据库中。该数据表的结构如表 5-7 所示。

表 5-7 转换表结构

字段名称	注释
table-name	表名
field-name	字段名
code	字段内容
num-equiv	转换后的字段内容
desception	描述

采用 Surpac 软件创建的数据表不是完全独立的,可通过钻孔号相关联,且岩性表和化验表中的取样深度范围不能超过开孔表中所定义的钻孔深度。每一个钻孔会有多条测斜数据、多条化验数据、多条岩性描述数据所对应,它们的关系是一对多的关系。有关钻孔地质勘探信息各个数据表的关系如图 5-2 所示。

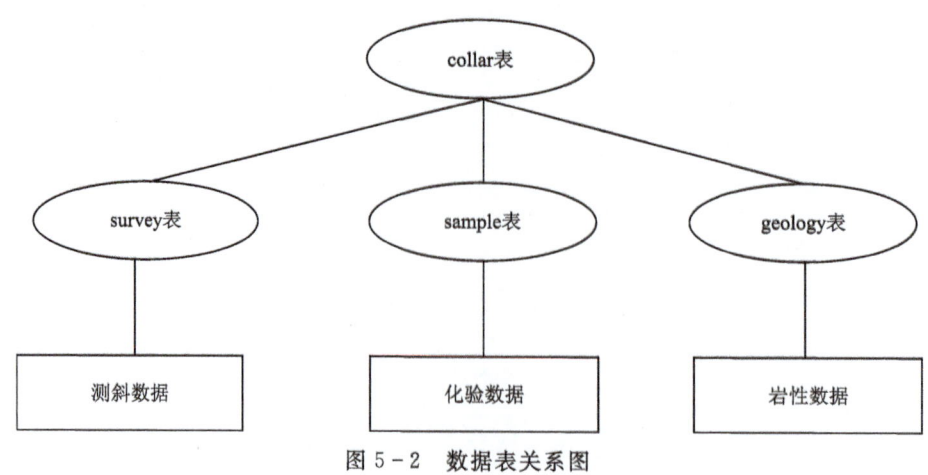

图 5-2 数据表关系图

2. 钻孔数据的检查整理和导入

Surpac 地质数据库由"表"和"字段"组成。每个数据库由若干个表组成,每类表包含若干个字段。开孔表(collar)、测斜表(survey)、转换表(translation)、风格表(style)是地质数据库中强制要求的 4 类表,称为强制表,而岩性表(geology)、化验表(sample)是两个非强制表。强制表是 Surpac 软件建立数据库所必需的数据表,在 Surpac 软件中自动被创建,而非强制表则是用户根据需要通过 Surpac 自行创建。两类表中包含许多强制的字段,同时软件提供了可选字段功能供用户创建需要的字段。开孔表、测斜表、岩性表、化验表中的字段与地质钻孔数据库中的地质钻孔数据信息是对应的,其中开孔表和测斜表共同确定了钻孔在三维空间的位置和轨迹,岩性表和化验表则确定了所揭露的岩性及品位。转换表储存需转换的数据信息,根据需要进行修改和转换。风格表用以保存钻孔显示风格,一般由软件自动生成,后期亦可根据需要进行编辑。

在本次地质数据库建设过程中,首先需要将钻孔数据按照 Surpac 软件钻孔数据库的格式要求编录在 Excel 内,包括开孔表、测斜表、岩性表和化验表,具体说明如下。

(1)开孔表:属性字段为钻孔号、钻孔三维坐标(X、Y、Z)和终孔深度,主要提供了钻孔的三维定位和钻孔高程、深度信息(表 5-8)。

表 5-8 铜绿山-铜山矿床部分开孔表

钻孔号	Y(北坐标)	X(东坐标)	Z/m	终孔深度/m
TZK402	3329410	38590267.5	28.05	883.39
ZK3101	3330305	38590469.5	27.10	684.48
ZK006	3329453	38590422.5	29.98	1 233.12
ZK007	3329663	38589909.2	−40.03	849.32
ZK403	3329465	38590129.9	−44.26	903.17

续表 5-8

钻孔号	X(北坐标)	Y(东坐标)	Z/m	终孔深度/m
ZK404	3329407	38590271.4	27.94	1 103.48
ZK2705	3330280	38590259.4	14.79	846.48
ZK2706	3330321	38590161.1	38.37	1 001.70
ZK3904	3330411	38590736.4	21.35	1 106.45

(2)测斜表:属性字段为钻孔号、方位角、倾斜角和测点深度,主要提供了钻孔的具体方位(表 5-9)。

表 5-9 铜绿山-铜山矿床部分测斜表

钻孔号	方位角/(°)	倾斜角/(°)	测点深度/m
TZK402	290	−85	0
TZK402	290	−85	883.39
ZK3101	292	−85	0
ZK3101	292	−84	490
ZK3101	292	−84	684.48
ZK006	—	−90	0
ZK006	—	−90	1 233.12
ZK007	—	−90	0
ZK007	—	−90	849.32

(3)岩性表:属性字段为钻井所揭露岩性、岩层起点和终点等,主要反映了钻孔各段中的岩性信息(表 5-10)。

表 5-10 铜绿山-铜山矿床部分岩性表

钻孔号	深度自/m	深度至/m	岩性
TZK402	0	101.20	闪长玢岩
TZK402	101.20	106.89	矽卡岩
TZK402	106.89	115.35	闪长玢岩
TZK402	115.35	122.70	矽卡岩
TZK402	122.70	133.17	闪长玢岩
TZK402	133.17	177.86	矽卡岩
TZK402	177.86	180.47	闪长玢岩
TZK402	180.47	215.08	矽卡岩
TZK402	215.08	402.68	闪长玢岩

(4)化验表:属性字段为样品编号、样品长度、取样位置以及分析化验结果等,主要提供钻孔中各段的样品元素含量化验信息(表5-11)。

表5-11 铜绿山-铜山矿床部分钻孔Cu品位化验表

钻孔号	样品编号	深度自/m	深度至/m	Cu/g·t^{-1}
TZK402	Y1	0	2.19	1000
TZK402	Y2	2.19	6.18	1000
TZK402	Y3	6.18	9.35	928.4
TZK402	Y4	9.35	24.27	1000
TZK402	Y5	24.27	24.86	1000
TZK402	Y6	24.86	32.79	1000
TZK402	Y7	32.79	35.23	1000
TZK402	Y8	35.23	43.80	414.1
TZK402	Y9	43.80	49.22	1000

在Surpac软件中可以定义不同类型的数据库文件,可用Microsoft Office Access、Paradox、SQL Server、Oracle等软件的任意一种来存储和管理地质数据,本次选用Microsoft Office Access来对地质数据进行存储和管理。将数据按照上述表格形式整理好后,从支持ODBC(开放数据库)的数据库中导入数据,选择数据源,然后按照软件提示便可逐个导入。

按照前述的数据表结构和数据表之间的关系,创建数据表并将收集到的地质勘探数据填入数据表。在构建数据库的过程中,"铜绿山-铜山矿床数据库.ddb"为数据库定义文件,它是Surpac软件和数据库之间的"桥梁","铜绿山-铜山矿床数据库.mdb"为Microsoft Office Access 2000数据库。

5.3 错误检查与修改

导入数据到Surpac软件系统后,对数据进行检查是至关重要的一个步骤,主要是检查数据的有效性、正确性及完整性,避免在后续的建模过程中由于数据的缺失和不合理带来错误。通常三维可视化软件基本上都提供了数据基本信息的检查工具,可以对录入的数据进行校验,主要包括3个方面的内容。

(1)数据的准确性:包括矿区的坐标范围,对录入的勘探工程坐标数据的合法性。与此同时,要对勘探线的基本信息、勘探工程的基本信息、样品采样信息、岩性信息等测量进行检查,防止数据越界,出现逻辑上的错误,如换层深度应该按照测量序号逐个的递增,即当前层的起始深度要不小于上一层的终止深度等。

(2)数据的完整性:对当前导入到地质数据库中的数据进行统计,将尚未导入系统信息的数据以列表的形式显示出来,如核实钻探工程中样品的化学分析等信息是否完全录入。

(3)数据实时更新：对于后续更新的数据可以提供新增数据导入处理的功能模块。

对 Surpac 数据库导入的 4 类表格分别进行如下的数据检查。

(1)开孔表的检查：开孔表是数据库中最重要的表类型，代表钻孔的坐标位置，且根据 hole_id 与其他 3 类表连接起来。将孔口坐标投影到 MapGIS 地形地质图上，观察是否对应，此处应注意工程坐标与地质图坐标 X、Y 对换、坐标代号、MapGIS 整图变换等问题；在对不同时期资料进行收集的过程中，由于不同数据记录标准不同或者是记录员记录数据的失误会出现数据维度不一致、编号错误、坐标缺失等情况；此次研究以国家大地系为标准，由于不同矿区、不同时期勘查资料的标准不一致，有时会出现北京 54 坐标系、西安 80 坐标系的差别，不同坐标系坐标格式相同但是在大比例尺地质图上会导致偏移，因此要对此进行校准调整。

(2)测斜表的检查：检查钻孔倾斜角是否在 $-90°\sim0$ 之内；钻孔最后测斜深度是否与开孔表中最大深度相同；另外同一钻孔不同深度方位角、倾斜角不会相差太大。

(3)化验表的检查：将样品编号按顺序排列，查看是否有遗漏，各相邻样品起始、终止位置是否有交叉的情况出现；统一矿区内数据库样品数据时，注意样品异常值，元素品位后缀是否相同，必要时与钻孔柱状图进行核对；检查该钻孔是否在开孔表、测斜表中有记录。

(4)岩性表的检查：检查钻孔数据是否完整，同一钻孔相邻岩性起始、终止位置是否一一对应；为方便后期构建地质体模型，可在岩性表中增加"岩性名称"这一新字段，然后结合钻孔柱状图对相同岩性进行合并；检查该钻孔是否在开孔表、测斜表中有记录。

本次构建的铜绿山-铜山矿床数据库采用了 Surpac 指定的 Microsoft Office Access 2000 数据库，设置好数据库表类型及字段格式后导入 4 类数据表即可创建数据库。若导入失败则说明数据表存在问题，可根据提示对指定位置进行修改。

5.4 三维空间钻孔显示

Surpac 软件拥有强大的图形显示功能，能在三维空间中显示数据库中的地质数据，包括钻孔的位置、轨迹线、品位、岩性、岩层走向等，所有的地质信息都可以图表、图案、字符等方式展示。在对铜绿山-铜山矿床的钻孔进行显示时，可以设置多种不同的钻孔显示风格，例如可以调整钻孔孔迹线的粗细，用不同的颜色表示元素的品位区间，在孔迹线一侧显示岩性图案等。此外，还可以将不同的地质信息在三维空间中显示出来，比如钻孔号和终孔深度可以显示在孔迹线，品位可以显示在对应的标高位置等。通过在 Surpac 软件中设置钻孔的显示风格和显示效果，可以把各种地质信息在真实的三维空间环境中进行直观展示。

对铜绿山-铜山矿床的钻孔显示风格进行设置，以圆柱体的方式显示钻孔孔迹线，设置孔迹线和钻孔号的颜色为绿色，同时在孔迹线右侧对岩性图案进行显示，钻孔的三维展示效果如图 5-3 所示。在三维显示状态下，Surpac 软件中的图形可随意地旋转、缩放，并可通过缩放功能在已经显示的钻孔三维分布图中得到钻孔的局部信息，例如钻孔局部的 Cu 元素品位信息如图 5-4 所示。

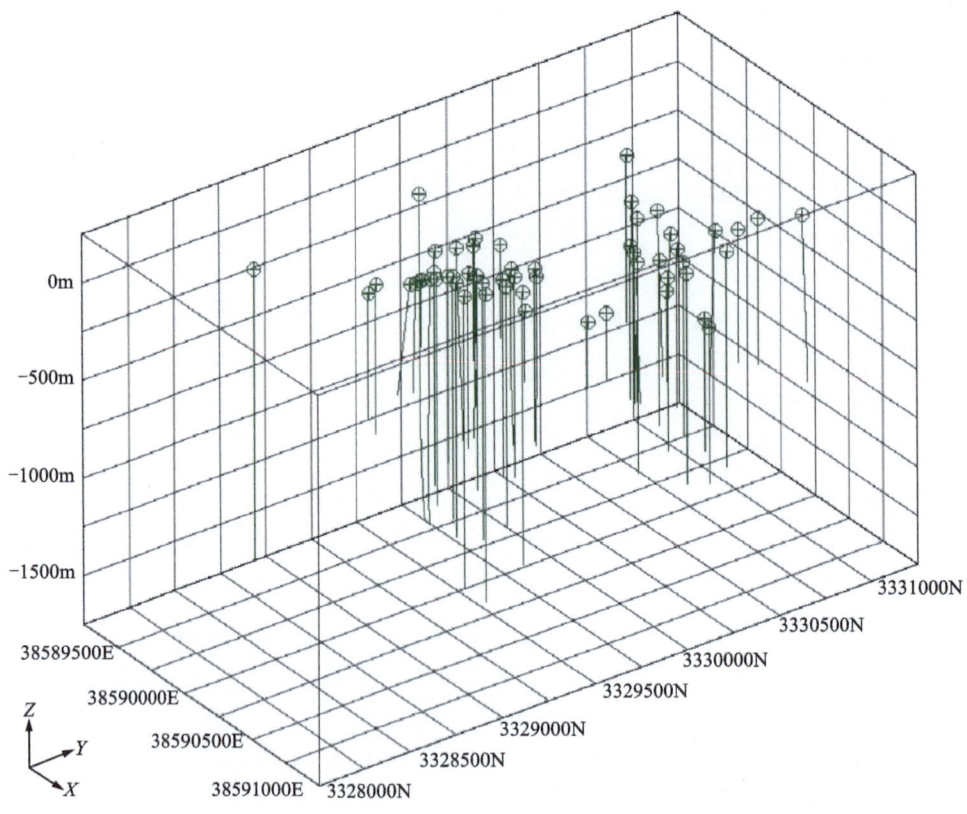

图 5-3　铜绿山-铜山矿床数据库钻孔三维分布图

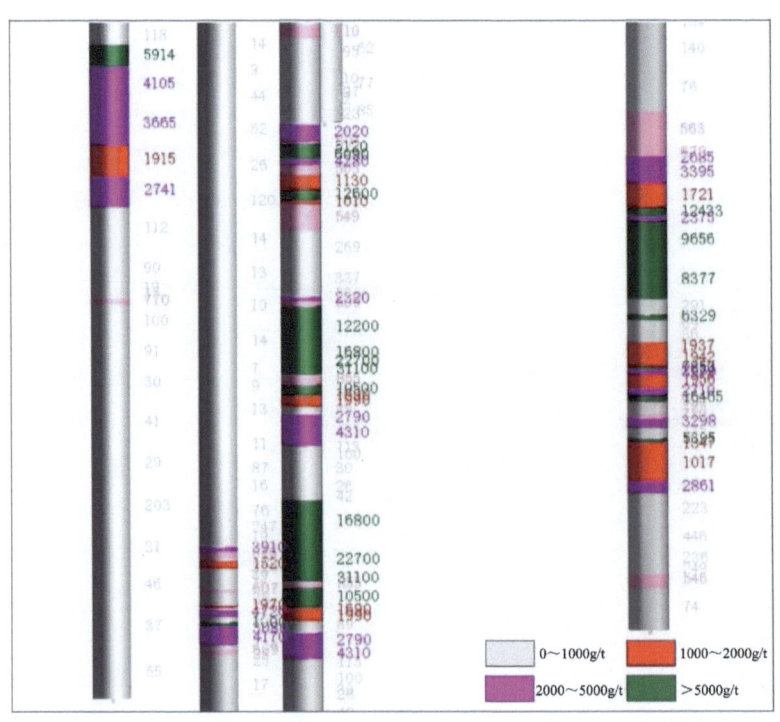

图 5-4　铜绿山-铜山矿床数据库局部 Cu 品位信息显示图

6 矿床三维地质模型构建

6.1 三维模型的构建方法

三维地质模型是在计算机中利用适当的数据方法建立的可以用来反映地质体空间形态特征的立体模型。它可以用来生动地展示真实的地质结构及其在三维空间中的参数分布规律。三维地质模型构建的基本原理是通过空间分割将原本复杂的地质体切割成有限数量的简单几何图形。例如可以通过拼接大量的三角形面片来表示地层，因此如何通过简单的二维图形在三维空间中表现复杂的地质体是三维地质建模的一个关键技术。三维地质模型的构建方法很多，通常会根据实际地质情况以及收集资料的完整程度进行灵活切换。按照建模所使用的数据来源，其可分为基于钻孔数据、基于剖面数据、基于平面数据、基于多源数据等多种建模方法。在构建铜绿山-铜山铜铁金矿床三维地质模型时，由于矿床的研究程度很高，基础地质和探采资料十分丰富，因此选择基于钻孔数据和基于剖面数据相结合的建模方法。

钻孔作为获取地下深部信息最直观、最详细和最准确的工程手段，是三维地质建模的主要资料来源。基于钻孔数据的建模方法是在构建钻孔地质数据库的基础上完成的，通过集成和显示钻孔的数据，根据品位、岩性等，重新解译各剖面的矿体、地层、岩体、构造等地质界线，然后生成地质实体模型。基于剖面数据的建模方法是采用勘探线地质剖面及中段地质平面图中圈定的矿体、地层、岩体等界线的范围生成地质实体模型。利用剖面数据进行建模时，由于勘探断面图都是传统的二维图件，不能被直接导入三维软件中使用，需要进行坐标校正。下面对 Surpac 软件中的剖面坐标转换过程进行详细介绍。

Surpac 软件提供的"线文件 2D 转换"和"图层运算"功能可以有效地将剖面文件的二维坐标转换成真实的三维坐标。将剖面图文件进行坐标转换操作一般包括 3 个步骤：剖面图的 Y 坐标值与 Z 坐标值交换、X 与 Y 坐标的二维转换和 Z 坐标值校正。剖面图的 Y 坐标值与 Z 坐标值交换采用 Surpac 软件中的"图层运算"功能来实现，而 X 与 Y 坐标的二维转换是采用 Surpac 软件中的"线文件 2D 转换"功能来实现。因为，在三维空间中剖面图的 Y 坐标值是 Z 坐标值，表示的是深度，所以需要将剖面图的 Y 坐标值与 Z 坐标值进行交换，采用的运算公式是"$Y=Z$"与"$Z=Y$"。当完成了以上两个步骤后，采用 Surpac 软件的查询功能查询剖面图中已有真实坐标的两个端点，但是三维坐标中 Z 坐标值为真实值，X、Y 坐标值不是真实值，所以需要进行 X 与 Y 坐标的二维转换。X 与 Y 坐标的二维转换是在 Surpac 软件中采用"线文件 2D 转换"功能将剖面图上两个点的 X、Y 坐标值与已知真实的 X、Y 坐标值进行转换，真实

X、Y 坐标值主要通过地质平面图来获取。通过上述操作,就可以完成单个和整体剖面体系的坐标转换。

6.2 矿床三维地质建模

铜绿山-铜山铜铁金矿床三维模型构建主要分为实体模型和表面模型的构建。前者即三维实体模型(3DM),它是由一系列三角面组成的一个封闭的空心体或空间实体,是 Surpac 三维模型的基础,不仅仅可以描述地质体的轮廓,还可以对地质体的表面积和体积进行计算,也可用于地质体范围的空间约束,如内外约束;后者即数字地形模型(DTM),它是由一系列三角面形成的一个不封闭的面,有上、下之分。铜绿山-铜山铜铁金矿床三维实体模型的建设主要包括矿体模型、地层模型、蚀变模型、侵入接触面模型和岩体模型,表面模型即为地表模型。地表模型通常利用地形等高线来构建,可以用来展示真实的地形地貌。实体模型不仅可以用来展示不同的地质体,还可以作为约束参与后续综合预测模型的构建,因此实体模型的成功构建是三维找矿的关键。

本次构建实体模型利用的资料包括钻探数据、勘探线地质剖面数据、中段地质平面数据等。其中,钻探数据可以利用钻孔地质数据库来获取,勘探断面数据主要来自矿山的勘查和开采资料数据。中段地质平面图不需要进行坐标校正,可以直接导入 Surpac 软件中进行使用,而勘探线地质剖面图则需要经过坐标校正,坐标校正的具体流程见前文介绍。本次在铜绿山-铜山铜铁金矿床共收集到 56 张勘探线剖面图和 18 张中段地质平面图,将所有的勘探线剖面图校正到正确的三维空间中,如图 6-1 所示。

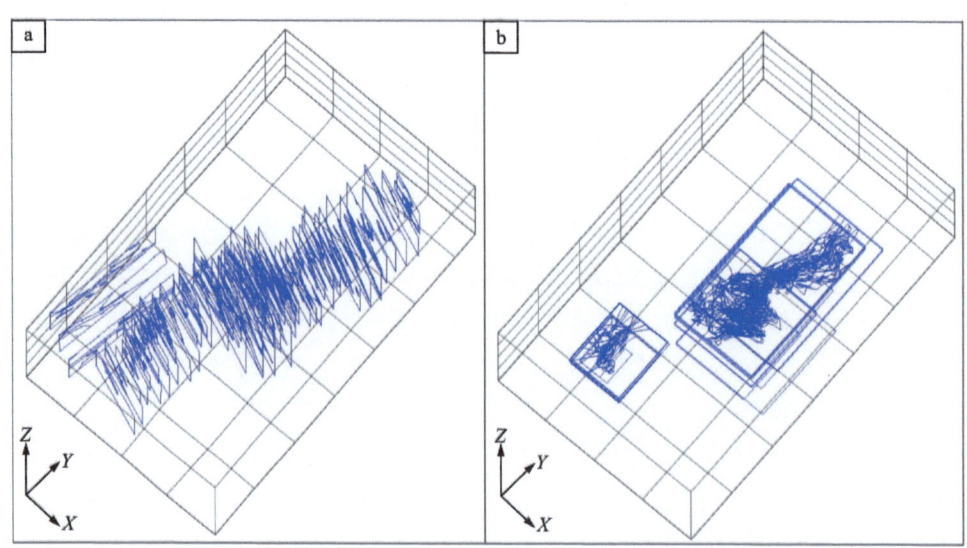

图 6-1 Surpac 软件中的铜绿山-铜山铜铁金矿床线框数据库
a. 勘探线剖面线框数据库;b. 中段平面线框数据库

实体模型本质上是面元模型,即地质体表壳封闭的 Delaunay 三角网。在三维建模软件中,一般通过模型工具中的"定义三角网"功能来实现对三角网的创建,两个三角面之间不能交叠,不能存在悬挂三角面及无效点,否则实体是开放的或无效的。因此,创建三角网是构建地质实体模型的关键。

Surpac软件中提供了多种创建三角网的方法,主要包括"两个段之间""在一个段内""段到一个点""多个段之间""使用控制线""根据手动选择点""单个三角形""从一个段至多个段""相连段间"等。其中,"两个段之间""在一个段内""段到一个点""根据手动选择点"是最常用的创建三角网的方法。"两个段之间"可以直接在两条线之间创建三角网,一般适用于连接一些比较简单、平滑的界线。"在一个段内"一般用来对实体模型进行封闭,系统会自动在一个剖面内填满三角形,但是需要线段本身是闭合的。"段到一个点"是指将某条线段封闭到一个点上,通常用来封闭矿体,在构建矿体模型时经常需要进行外推,矿体经常需要尖灭到一个外推点上,可以用"段到一个点"来实现。"根据手动选择点"是指用户可以根据实际的地质情况手动选择点来创建三角形,每次可以只选择3个点,也可以选择多个点,一般用来连接一些比较复杂的界线,连接的可信度较高,缺点是比较费时费力。本次构建实体模型的具体流程如图6-2所示。

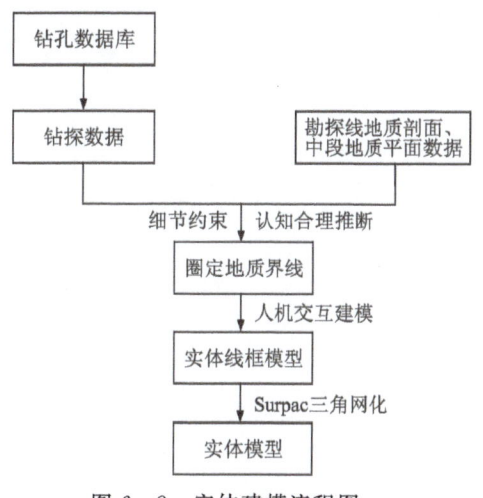

图6-2 实体建模流程图

6.2.1 地表模型

地表模型(DTM)即数字地形模型,一般用来虚拟表达地形和地表的形态,通常由许多地形线构成。地表模型实际上是将所有的地形线连接成一系列相邻的三角面,形成一个随着地面起伏变化的单一模型,地表模型(DTM)一般通过等高线生成。Surpac软件建立地表模型主要有两种方法:一种是由散点生成地表模型(DTM),另一种方法是由线条生成地表模型(DTM)。

本次对地表模型的构建以铜绿山-铜山矿床1:1万地形地质图为原始材料,通过对地形点文件导出坐标与高程的方式获得地形数据,主要按以下步骤完成地表模型的建立。

(1)收集的数据来自MapGIS格式的地形点文件。首先需要在MapGIS中将这些地形点的坐标以及高程属性导出,将其整理到Excel表格中,将整理好的数据导入Surfer软件中生成地形等值线,再将这些等值线导入MapGIS中保存为线(.wl)文件。

(2)由于Surpac软件不能直接识别MapGIS软件中的文件,因此需要将等高线的.wl文件进行格式转换,在MapGIS的图形处理模块中将".wl"文件转换为".dxf"文件,转换时需要将等高线的高程值选择为高程字段。

(3)将等高线的".dxf"文件导入Surpac软件中,保存为Surpac软件的".str"线串文件。重新将".str"格式的等高线线串文件导入Surpac软件中,检查坐标是否是真实的坐标,如果不是还需要进行平面转换来校正坐标。

(4)经过多次的格式转换,等高线串中可能会出现重复点、相交线、重叠线等问题,因此在完成坐标校正后还需要对等高线串进行错误检查。利用 Surpac 软件中的"图层清理"功能可以对线串进行检查,检查完成后可以根据系统的提示对发现的错误进行修改。修改完成后的等高线串文件如图 6-3 所示。

(5)最后需要利用整理后的等高线串文件来构建地表模型(DTM)。在 Surpac 软件中,可以通过"由当前层创建 DTM"功能来构建地表模型。如果没有生成地表模型,系统会给出错误提示,需要根据提示对错误进行修正,修正完成后就可以继续构建地表模型。为了在视觉上得到更加良好的效果,利用"显示"功能,以高程值为区分,为地表模型着色。图 6-4 为构建的铜绿山-铜山矿床地表模型。

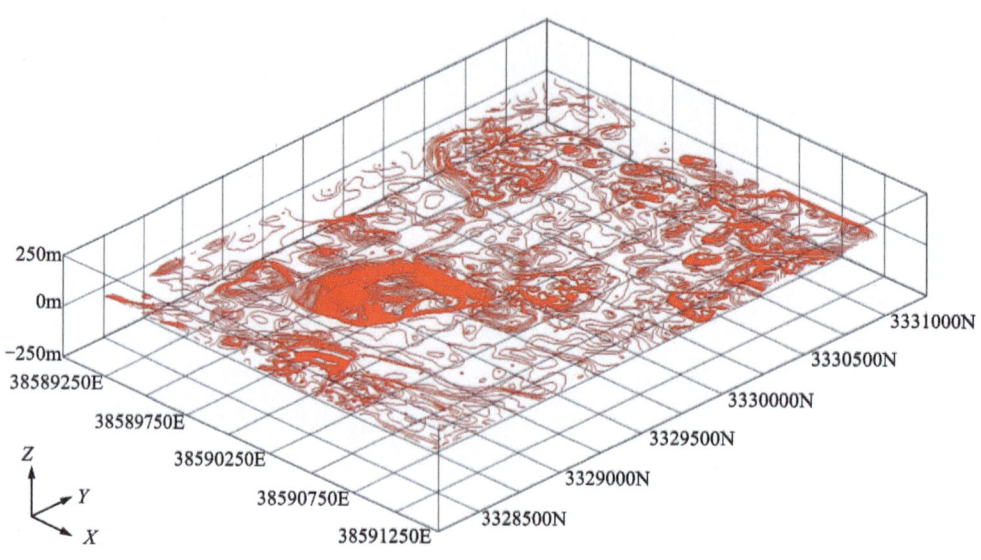

图 6-3　Surpac 软件中的铜绿山-铜山矿床等高线串

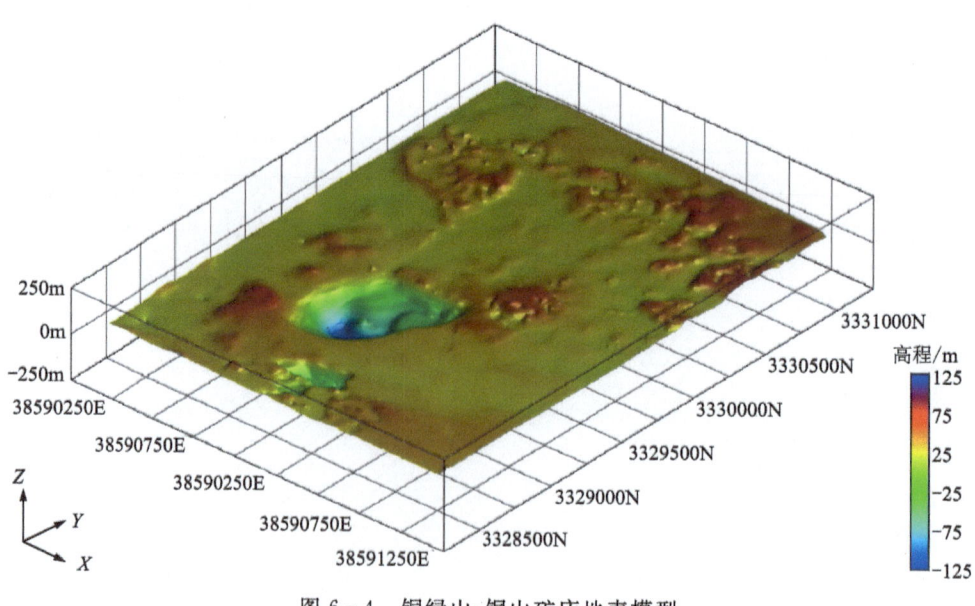

图 6-4　铜绿山-铜山矿床地表模型

铜绿山-铜山矿床地表模型的建立能够真实地反映矿区地表的形态特征。相对于传统的地质图件,地表模型具有可视化程度高、便于存储查询等优点。在地形分析过程中,通过软件从地表模型中可间接地实现各种地形因子的提取,比如坡度、坡向等,为勘查工程布设提供信息。

6.2.2 矿体模型

本次建立铜绿山-铜山矿床三维矿体模型的方法主要是基于勘探剖面数据的平行剖面法,选用数据主要是矿区的勘探线剖面数据以及中段平面地质数据,局部地段用钻孔数据进行精细约束。

由于相邻两个勘探线剖面图中矿体是相对应的,在建立矿体实体模型时,将勘探线剖面图的剖面线数据导入到 Surpac 软件的三维空间中,然后按照矿体的趋势,在相邻勘探线的同一矿体的线圈之间连接三角网,最后将矿体的两端封闭起来,并通过验证就形成了矿体的实体模型。平行剖面法建模的步骤如图 6-5 所示。

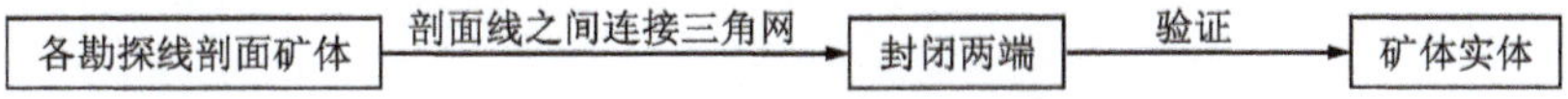

各勘探线剖面矿体 →(剖面线之间连接三角网)→ 封闭两端 →(验证)→ 矿体实体

图 6-5 平行剖面法构建流程

构建矿体实体模型的前提是对矿体轮廓线提取并进行坐标转换。从铜山矿区 425 号勘探线提取出的矿体轮廓线如图 6-6 所示,其中蓝色线条代表 X、Y 轴网格线,红色线圈代表矿体轮廓线。之后需要对矿体轮廓线进行坐标转换,具体的转换步骤在见前文介绍。铜山矿区共有 14 条勘探线剖面,因此在对 425 号勘探线矿体轮廓线完成坐标转换后,仍需采用相同的方式将其余的 13 条剖面进行矿体轮廓线的提取和坐标转换。从 14 条勘探线的剖面图中提取出的矿体轮廓线且完成坐标转换后的最终效果如图 6-7 所示。

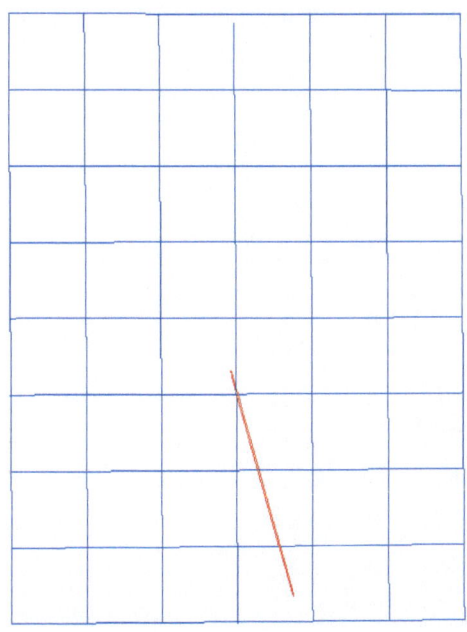

图 6-6 Surpac 软件中铜山矿区 425 号勘探线矿体轮廓线示意

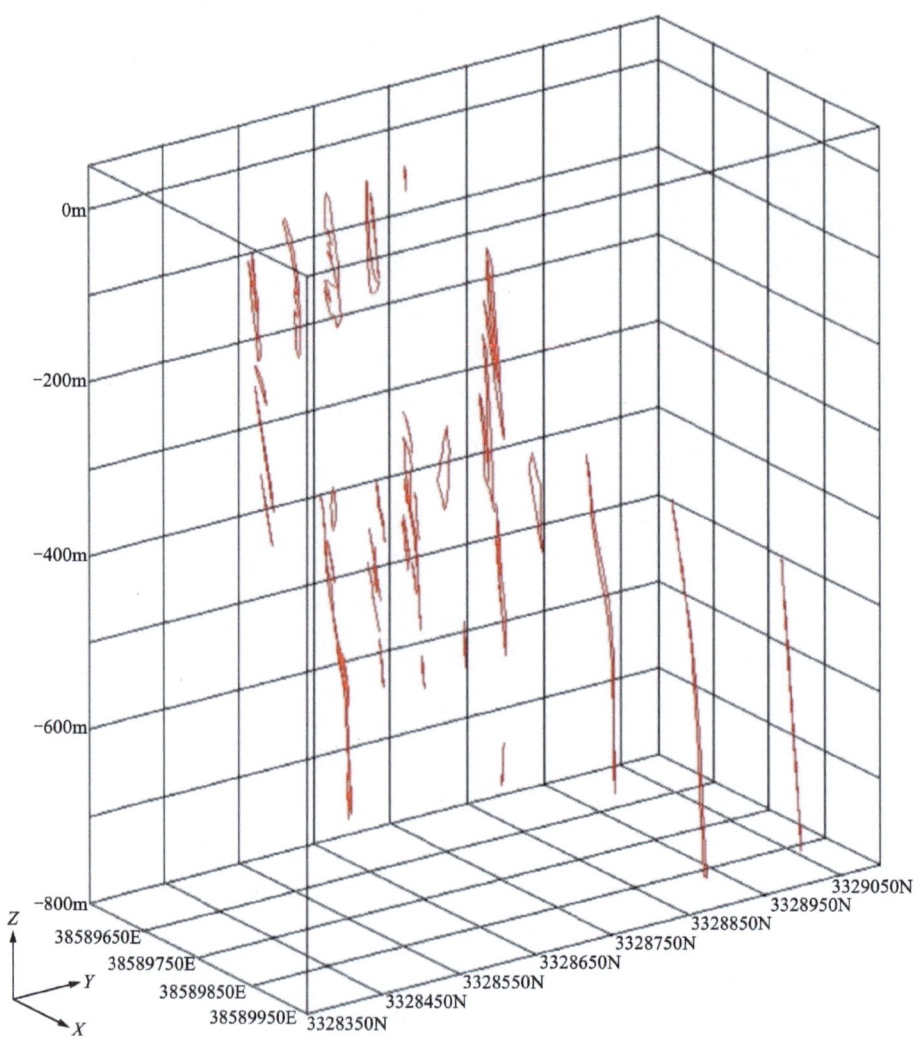

图 6-7 铜山矿区矿体轮廓线

完成矿体轮廓线圈定后,就可以开始对轮廓线进行连接来构建矿体实体模型。在矿体轮廓线圈之间用三角形在两个段内连接成三角面,并在矿体轮廓线的两端用三角网在一个段内进行连接,最终形成矿体实体模型。

"两个段之间"连接三角网是指 Surpac 软件自动在用户指定的两个线圈中创建三角网。本次工作在连接两个勘探线剖面间的矿体轮廓线圈时试验优选了该方式。首先在 Surpac 软件中选取一条勘探线上的一条矿体轮廓线,然后选取与该线段对应的另外一条勘探线上的线段,Surpac 软件将在选定的线段之间创建三角网,使两线段连接成三角网,如图 6-8 所示。

在建立矿体模型过程中,当完成了线段的两两相连之后,接着就需要对矿体进行封闭处理,Surpac 软件提供了"在一个段内"的处理方式可以完成矿体的封闭。"在一个段内"连接是指 Surpac 软件自动在用户指定的一个线圈中连接三角网,常用于闭合实体地质模型,如图 6-9 所示。

 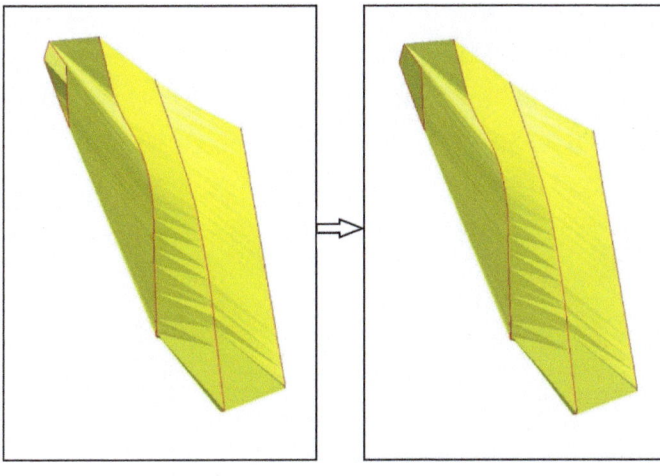

图 6-8　在两个段之间连接的示意图　　　　图 6-9　在一个段内连接示意图

　　上述主要以铜山矿区的矿体为例,介绍了基于勘探断面数据的方法建立矿体实体模型,建立的矿区矿体模型如图 6-10 所示。铜绿山矿区的矿体也是通过上述两种实体连接方式,

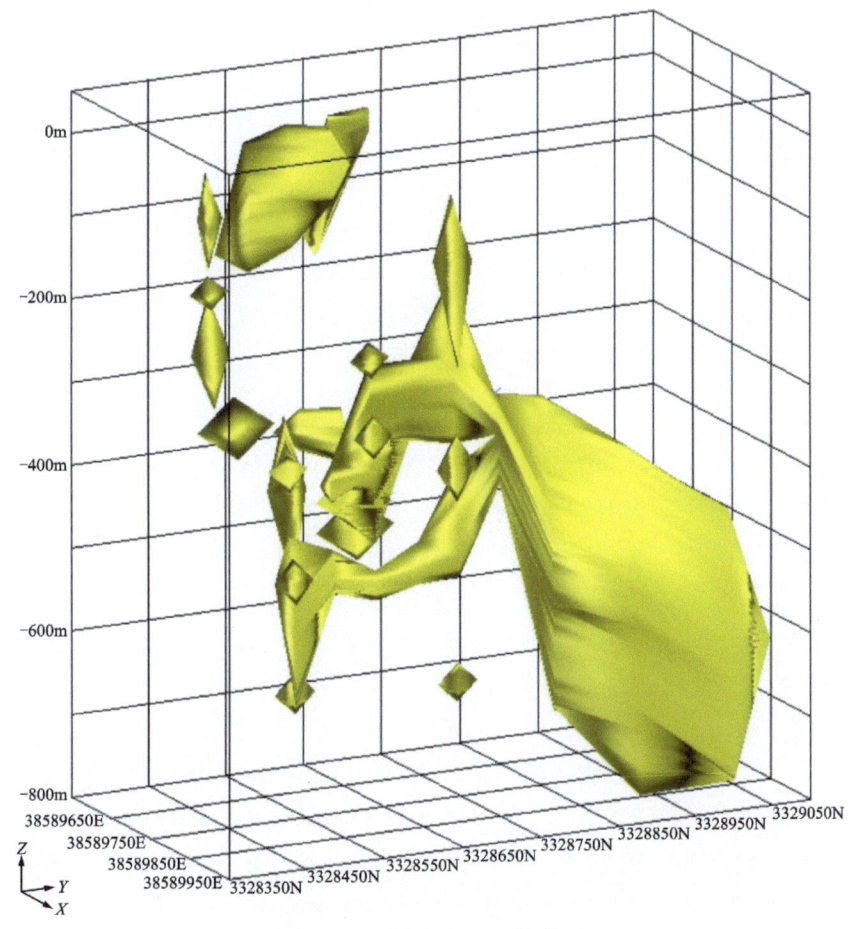

图 6-10　铜山矿区矿体模型

将导入 Surpac 软件中勘探线剖面图上的矿体线串连接成三角网面,重复相同的操作直到所有相邻的勘探线剖面上的矿体都已经连接成三角网面。值得注意的是在矿体需要封闭的地方,除了采用"在一个段内"的连接方式将矿体封闭到一个面之外,还可以采用"段到一个点"的连接方式将矿体封闭到一个点,选用哪种连接方式来封闭矿体需要根据矿体的垂直纵投影图来确定。图 6-11 就是基于勘探断面数据建模方法构建的整个铜绿山-铜山矿床的矿体实体模型。在建模过程中要参考矿区内矿体的垂直纵投影图,从而确保所建立矿体模型的精确性和完整性。

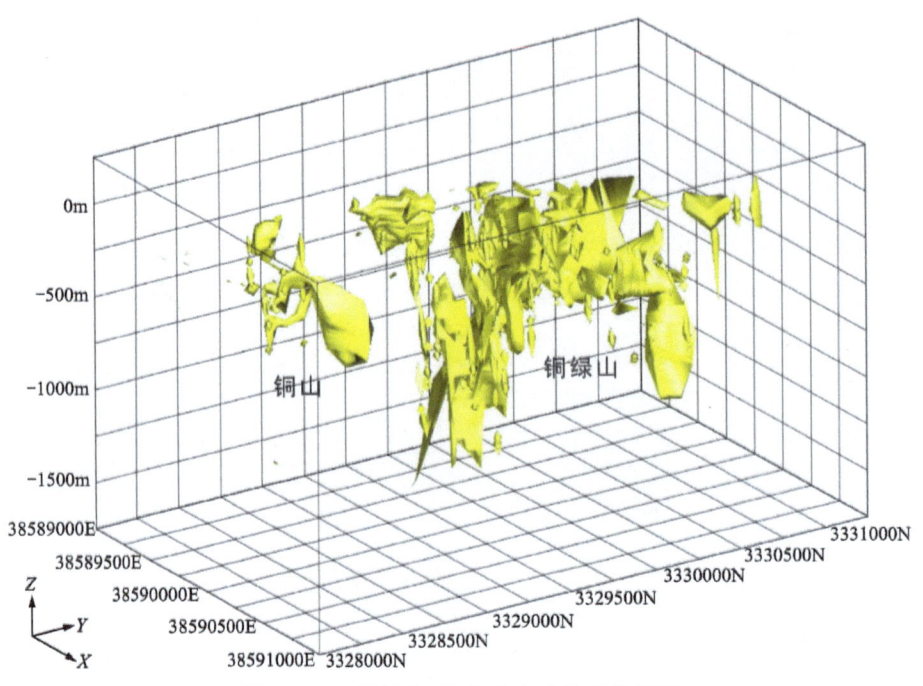

图 6-11 铜绿山-铜山矿床矿体实体模型

铜绿山矿区目前已发现 14 个铜铁金矿体,其中Ⅰ、Ⅲ、Ⅳ、Ⅻ、ⅩⅣ号矿体为主矿体,Ⅱ、Ⅴ、Ⅶ、Ⅺ、Ⅻ号矿体等为次要矿体。除Ⅸ号矿体外,其他矿体分布范围南北长 2100m,东西宽 600m,面积约 1.2km²。矿体分布主要受 NNE 向、NEE 向两组构造控制,集中分布于 2 个矿体群带中。为了更好地反映主矿体的形态,本次将铜绿山矿区的 5 个主矿体进行了单独截面展示(图 6-12),图 6-12a 为铜绿山矿区Ⅰ号矿体,为近地表浅部矿体;图 6-12b 为铜绿山Ⅲ号矿体群,主要包括Ⅲ$_{2-1}$和Ⅲ$_{2-2}$号两个矿体;图 6-12c 为Ⅳ号矿体群,主要包括Ⅳ$_1$、Ⅳ$_2$、Ⅳ$_3$、Ⅳ$_4$号 4 个矿体;图 6-12d 为Ⅻ和ⅩⅣ号矿体,其中Ⅻ号矿体由 1 个主矿体和 7 个分支矿体组成。

为了进一步分析铜绿山矿区深部矿体在空间上的产状变化,对Ⅳ、Ⅺ、Ⅻ和ⅩⅣ号 4 个主矿体分别在不同的标高进行切面处理,获取了 4 个矿体不同标高的矿体行迹线,将不同标高上的所有矿体进行叠加分析发现(图 6-13),Ⅳ、Ⅺ和Ⅻ号矿体走向均为 NE 向,但是深部ⅩⅣ号矿体走向转为 NW 向,与侵入接触面模型空间分布吻合(见后述),这为ⅩⅣ号矿体后续探矿方向提供了重要支撑。

6 矿床三维地质模型构建

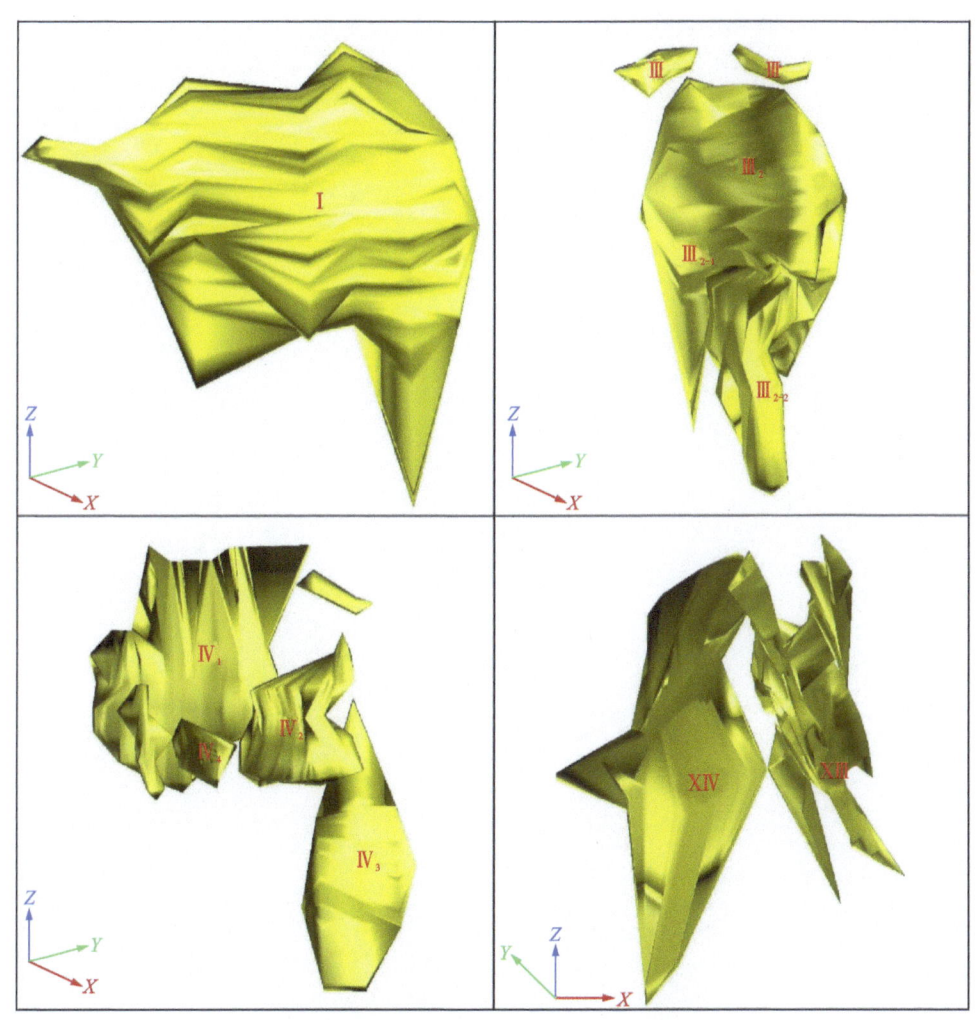

图 6-12 铜绿山矿区主矿体实体模型
a. Ⅰ号矿体；b. Ⅲ号矿体群；c. Ⅳ号矿体群；d. ⅩⅢ和ⅩⅣ号矿体

6.2.3 侵入接触面模型

研究区内岩浆岩十分发育，且分布广泛，而岩体和地层围岩之间的界线十分复杂，但是可以通过构建侵入接触面模型把岩体和地层之间的空间位置、形态、延展等信息立体直观地展示出来。

本次构建侵入接触面模型主要利用相连段法的建模方法从剖面图中提取岩体与地层的分界线，并加以一定的辅助线，在线段之间创建三角网，从而得到真实的侵入接触面模型。在一些复杂的地质条件下，所要创建的实体模型几何形状相对复杂，这种情况下应该首先考虑相连段法。相连段法构建实体模型流程如图 6-14 所示。

为了更好地展示岩体与地层之间的相互接触关系以及形态结构，通过岩体-地层分界线与辅助线相结合方式建立侵入接触面模型。岩体与地层分界线的获取主要通过将铜绿山-铜山矿床剖面图中的岩体与地层分界线转换成".shp"格式，导入 Surpac 软件中，转换为".str"

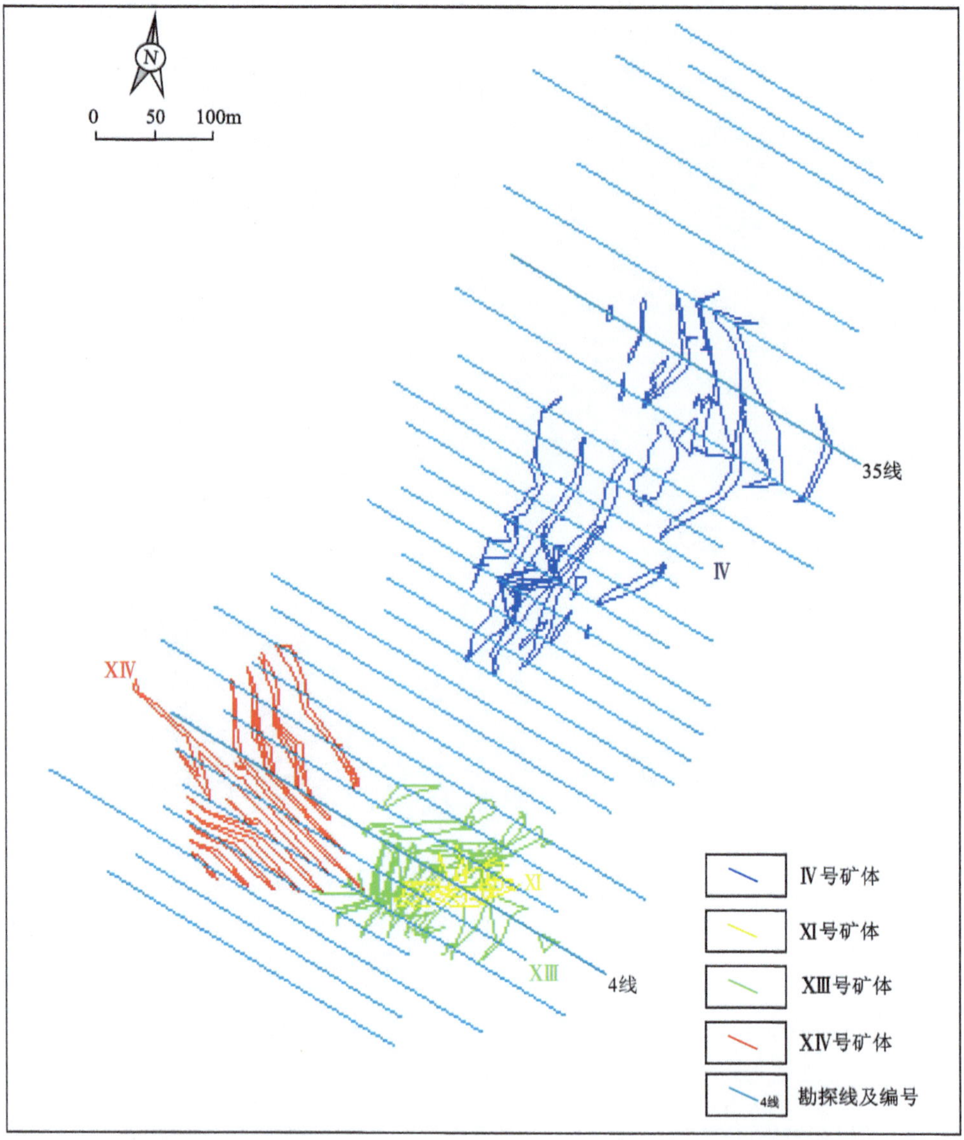

图 6-13 铜绿山矿区Ⅳ、Ⅺ、ⅩⅢ和ⅩⅣ号矿体不同标高切面图

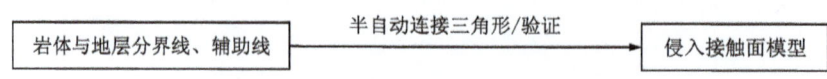

图 6-14 相连段法构建侵入接触面模型

格式,然后校正其空间位置(坐标转换),最后将不同勘探线剖面中岩体与地层的分界线信息提取出来,保存在一个线串文件中,生成岩体与地层分界线串,如图 6-15 所示。本次建立侵入接触面模型属于三维实体模型,在连接分界线时需要用到"两个段之间"功能,不需要使用"在一个段内"将侵入接触面模型封闭,局部岩体与地层分界线较复杂的地方使用三角网化工具,选点将两条岩体-地层分界线用三角网连接起来。同时参考铜绿山-铜山矿床地质图,对建立的侵入接触面模型进行检查和修正,最终得到的侵入接触面三维模型如图 6-16 所示。

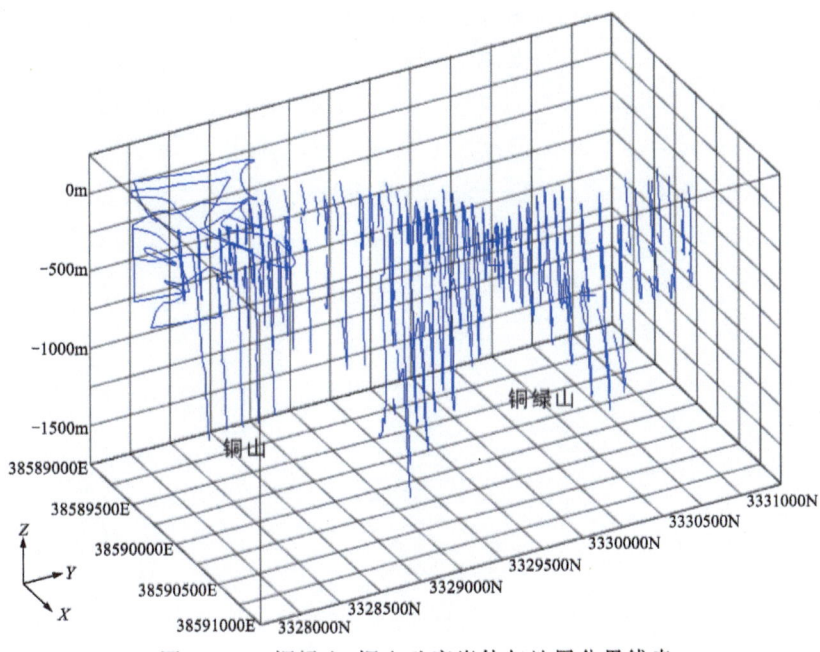

图6-15 铜绿山-铜山矿床岩体与地层分界线串

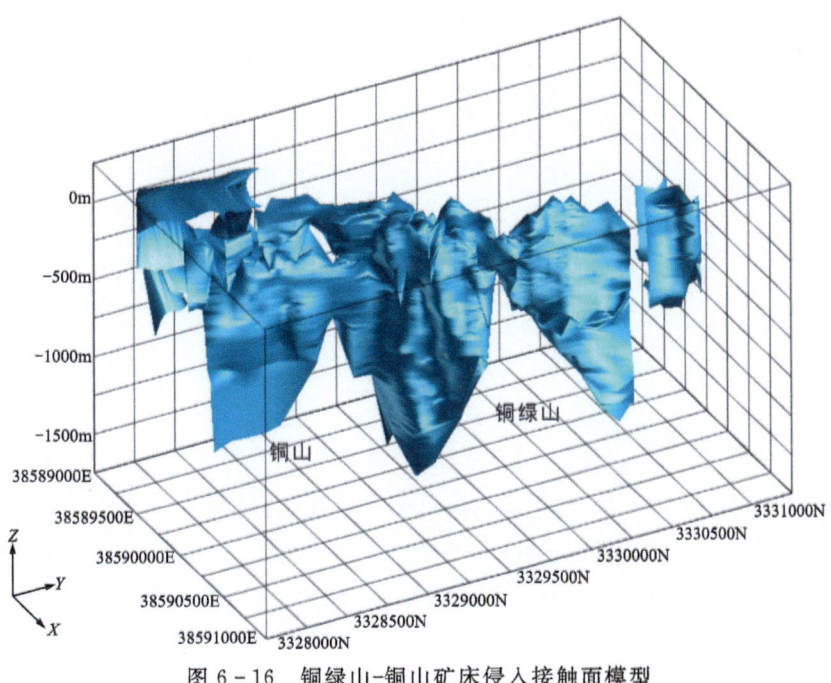

图6-16 铜绿山-铜山矿床侵入接触面模型

6.2.4 地层模型

三维地层模型可以把地层的空间位置、形态、延展等信息都立体直观地展示出来。铜绿山-铜山矿床地层主要包括下三叠统大冶组、中下三叠统嘉陵江组和下白垩统大寺组。本次构建的地层模型主要是大冶组和嘉陵江组的碳酸盐岩。建立地层模型的方法是：以现有的勘探线剖面图为基础，通过一系列转换，最终完成地层模型建立。

具体步骤为：首先，在 MapGIS 软件中将勘探线剖面图中的所有地层进行封闭造区处理，将地层的区(.wp)文件转换成".shp"格式，导入 Surpac 软件中，转换为".str"格式，并校正其空间位置；然后，把勘探线剖面图中同一地层的轮廓线分别单独提取出来，保存到同一图层下，以地层名称命名(图 6-17)；最后，在相邻的两两地层线间建立三角网，形成地层实体模型(图 6-18)。由于地层在空间上并不连续，因此将其分成不同的块体分别建立，每构建一个地层实体模型，都需要验证实体的有效性。

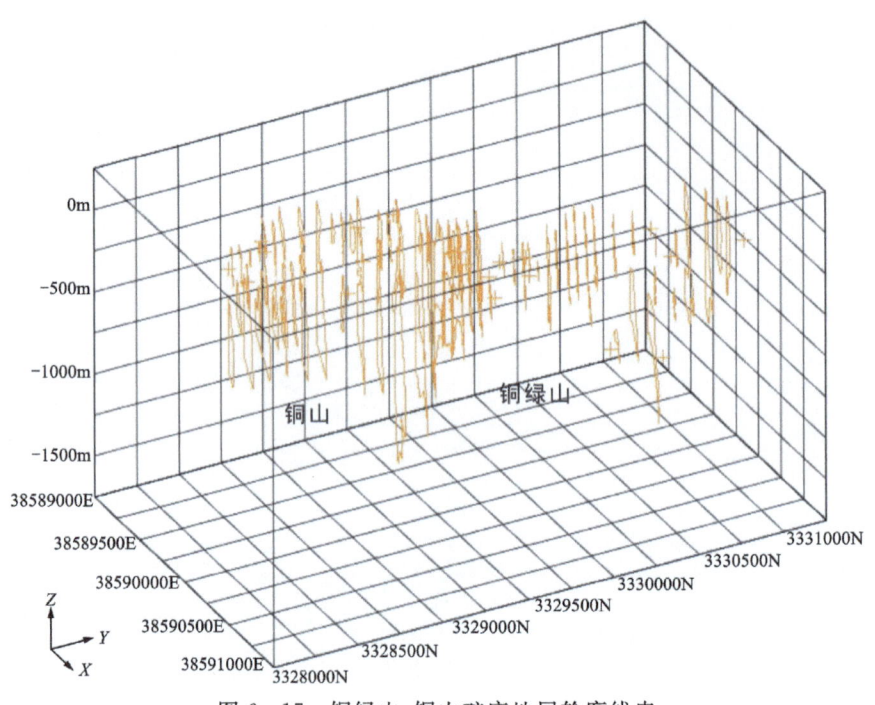

图 6-17　铜绿山-铜山矿床地层轮廓线串

6.2.5　围岩蚀变模型

围岩蚀变模型可以把矽卡岩的空间位置和形态展示出来，并且可以进一步从立体角度观察到矽卡岩化与矿体的空间关系。围岩蚀变模型的构建方法与其他实体模型的构建方法相同，其数据源来自铜绿山-铜山矿床的勘探线剖面图，局部地段利用钻孔数据加以约束，构建的具体步骤见前文叙述。

将勘探线剖面图中的矽卡岩轮廓线分别单独提取出来保存在一个线文件中，如图 6-19 所示；线串提取完成后需要对线串进行检查和修正，确保线串是闭合的且方向为顺时针，以围岩蚀变类型命名；然后在相邻的两个蚀变线间建立三角网，形成三维围岩蚀变实体模型；蚀变模型构建完成后同样需要参考铜绿山-铜山矿床地形地质图、勘探断面图等，对蚀变模型进行检查和修正，最终建立的三维蚀变模型如图 6-20 所示。

6 矿床三维地质模型构建

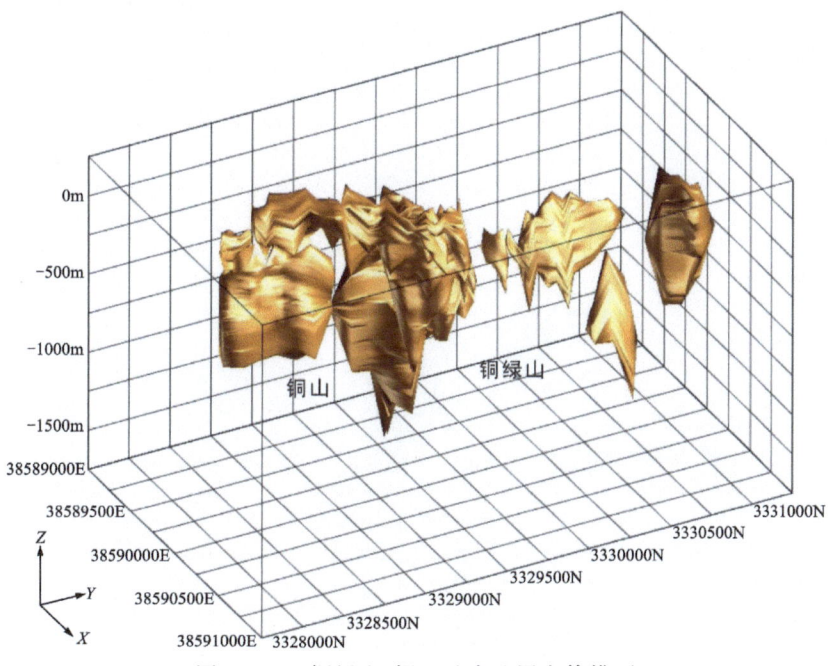

图6-18 铜绿山-铜山矿床地层实体模型

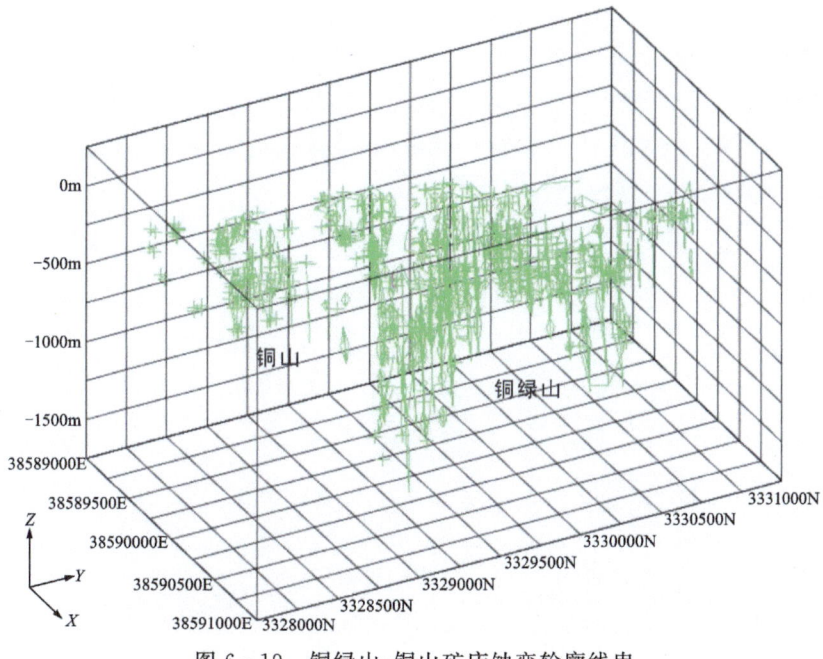

图6-19 铜绿山-铜山矿床蚀变轮廓线串

6.2.6 岩体模型

区内的岩浆岩主要是铜绿山石英二长闪长（玢）岩体，矿体的分布受岩体与三叠系碳酸盐岩围岩的接触带控制，而接触带、矽卡岩、矿体的空间分布、形态、产状和规模又受到岩体的分布与形态等制约。本次构建岩体模型的方法与其他实体模型不同，主要通过从研究区内删除

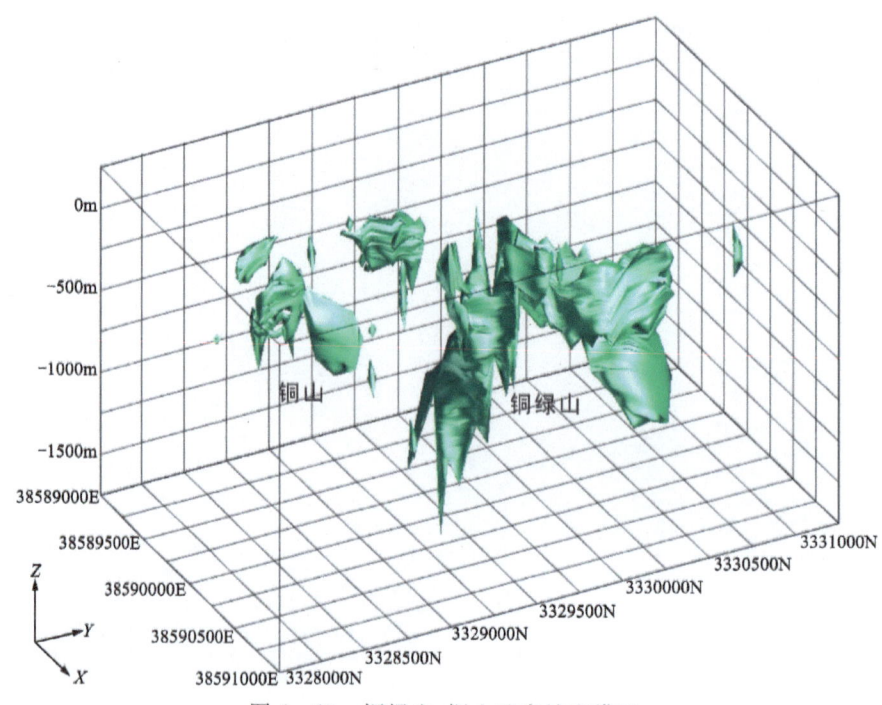

图 6-20 铜绿山-铜山矿床蚀变模型

其他实体模型的方法实现,具体步骤如下。

首先,利用研究区内的所有勘探线剖面线框构建整个全区范围内的岩体实体模型,标高统一为-1500m,进行实体验证(图6-21);然后,从中依次构建地层、蚀变、矿体等实体模型;最终得到研究区内的岩体实体模型如图6-22所示。

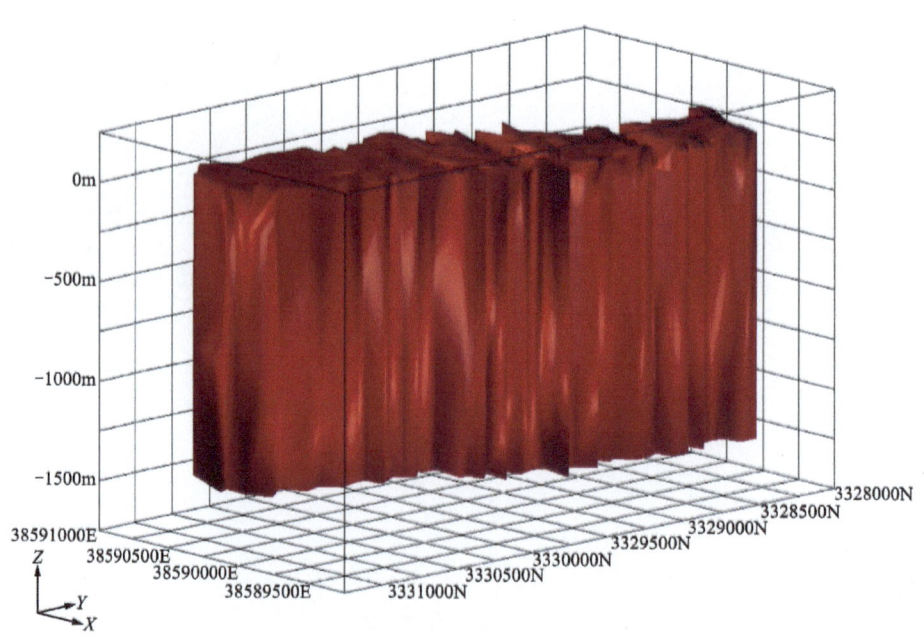

图 6-21 铜绿山-铜山矿床范围全部地质体实体模型

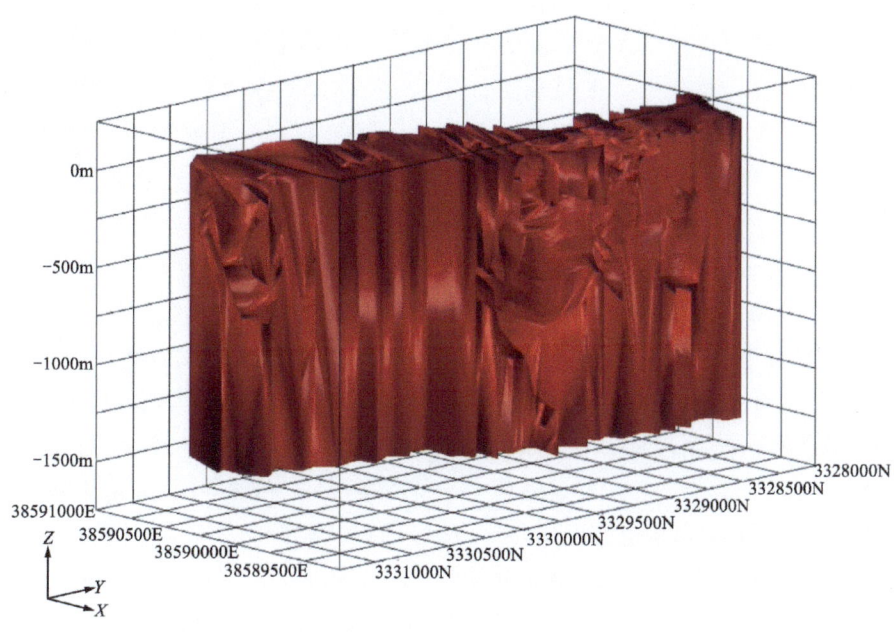

图 6-22　铜绿山-铜山矿床岩体实体模型

6.3　三维地质模型分析

铜绿山-铜山矿床三维精细地质模型主要包括矿体、地层、围岩蚀变、岩体及侵入接触面，将构建的地质体实体进行综合叠加，结果如图 6-23 所示。

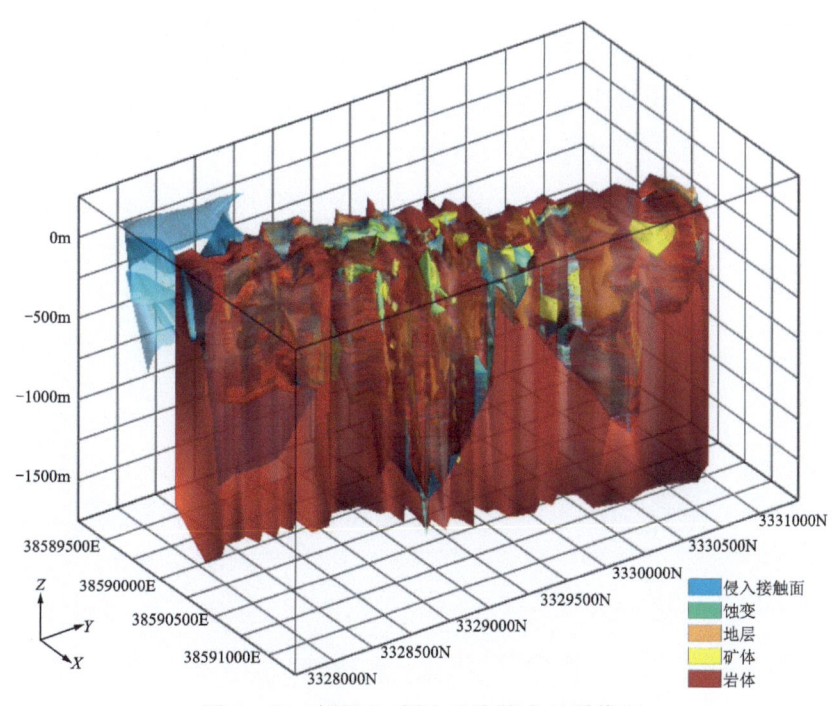

图 6-23　铜绿山-铜山矿床综合地质模型

铜绿山矿区目前共有 14 个主矿体和多个小矿体。铜山矿区主要包含两个矿体群（401 号矿体群和 402 号矿体群）。根据本次建立的矿体模型可以看出，矿体整体沿 NE-SW 向展布，整体形态受铜绿山背斜控制，中部矿体埋深比较浅，向两边矿体埋深不断加大，同时受 NW-SE 向次级断裂控制。铜绿山矿区的矿体在空间上沿铜绿山背斜大致对称，矿体埋深较大，从地表到地下－1500m 范围内都有矿体分布，铜山矿区矿体规模较小，且全部位于地下－800m 以浅。

侵入接触构造是区内最重要的控矿构造，形态总体受到 NNE 向铜绿山背斜和同生 NNE 向断裂的控制，在空间上沿背斜轴部集中于南、北两段（图 6-23）。综合地质三维模型显示，矿体在空间上主要分布在侵入接触面周围 50m 范围内，且大多位于侵入接触构造形态变化比较剧烈的位置，特别是侵入接触构造与断裂、褶皱构造交叉部位，容易形成厚大矿体（图 6-24a、b）。嘉陵江组和大冶组地层三维模型显示（图 6-24c、d），碳酸盐岩由于受到岩体自南东向北西方向的主动侵位影响，在空间上沿铜绿山背斜两翼形成 NW-SE 方向的背形向形残留体，矿体分布在地层与岩体接触部位以及大理岩层间破碎带内。矽卡岩形成于岩体侵入地层过程中，与矿体近乎同时形成。围岩蚀变模型显示（图 6-24e、f、g），矽卡岩与矿体空间关系密切，矿体实体模型被围岩蚀变模型包裹，二者形态类似，矽卡岩化可以作为重要的地质找矿标志。铜绿山-铜山矿床处于燕山期 NNE 向构造与印支期 NWW 向构造的复合地段，NNE 向断裂构造沿铜绿山背斜的两翼轴部发育，岩浆岩沿此方向侵入碳酸盐岩地层中形成一系列半岛状、悬垂体状捕虏体，矿体和矽卡岩形成于捕虏体周围。当接触构造与次级褶皱和断裂复合时，断裂面经过多次力学性质变化，容易发育破碎带，有利于成矿热液的沉淀，从而形成规模较大的矿体群。

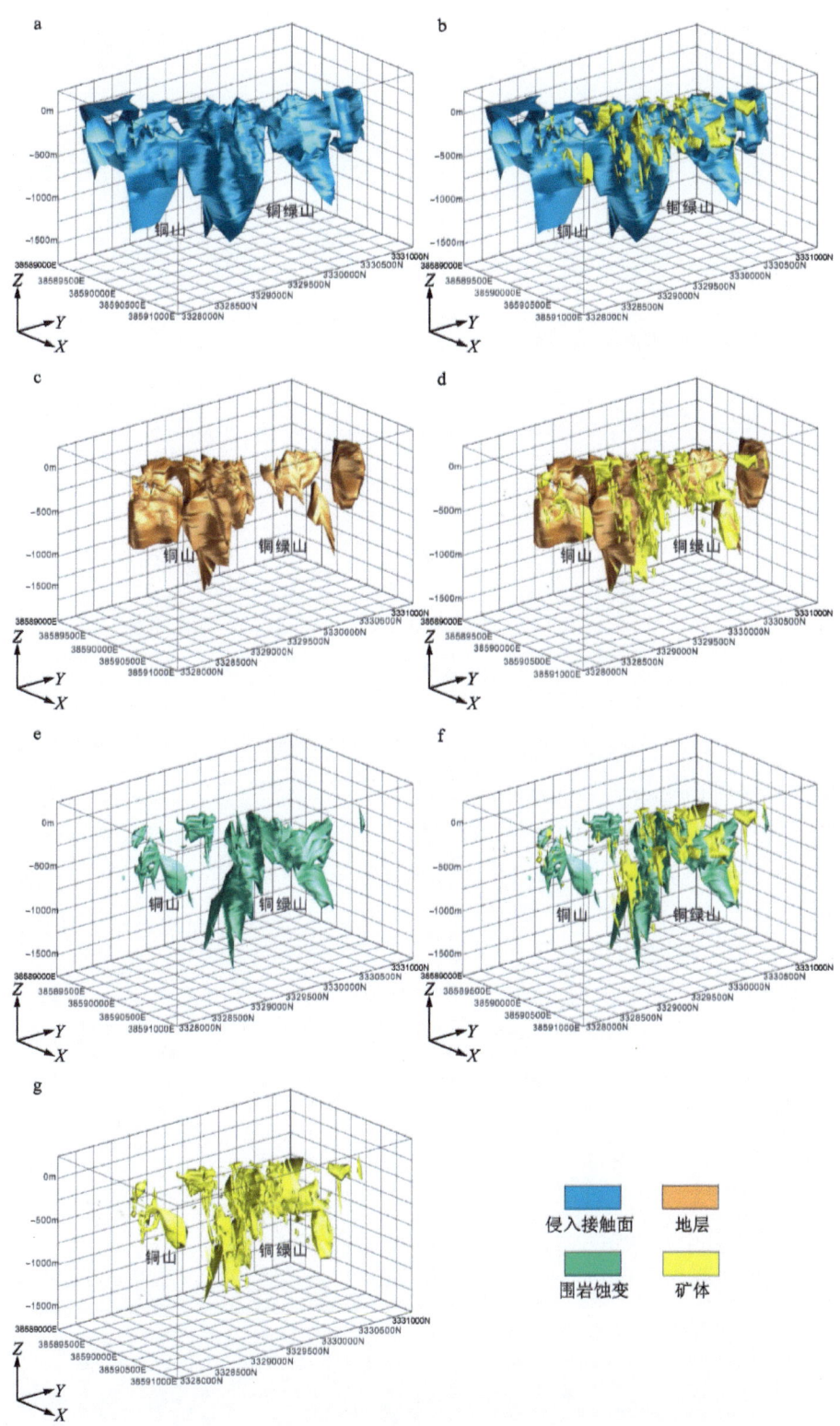

图6-24 铜绿山-铜山矿床侵入接触面、地层、围岩蚀变和矿体模型叠加对比
a.侵入接触面模型;b.侵入接触面和矿体模型;c.地层模型;d.地层和矿体模型;
e.围岩蚀变模型;f.围岩蚀变和矿体模型;g.矿体模型

7 三维地球化学-地球物理块体模型构建

7.1 块体模型构建方法

块体模型是由规则的块体单元集合来表达地质体规模、形态及产状等空间信息的模型,利用块体模型可以将研究区离散化为大小相同的块体单元,再根据实体模型轮廓或空间数据源进行插值运算来给块体单元赋予各类属性值,继而采用数字化方法对块体单元属性值进行集成运算,使所有块体单元内的空间关键信息得到量化赋值。所有块体单元都具有多种属性值,如品位、类型等,可以进行空间分析和空间计算等。

找矿信息综合分析建立在矿床三维实体模型的基础上,通过三维实体模型可以限定块体模型的空间范围。本次研究的对象是铜绿山-铜山铜铁金矿床,纵向研究尺度是标高−2000m以浅的地段,按照三维预测模型的具体要求以及有关预测技术方法的应用条件,需要构建三维块体模型,为后续找矿预测提供必要的资料支撑。三维块体模型主要的构建原则为:①三维块体模型的创建范围要略大于研究区范围;②块体尺寸大小应在保证矿床三维预测精度与刻画成矿相关地质体规模、形态精度的前提下进行多次对比试验进行确定;③块体尺寸大小应保证矿体和其他成矿相关地质要素的完整性,即在不损失精度的前提下应包含有较多的成矿地质要素;④按最小体积最大含矿率的原则。

地质建模所用的勘探线剖面间距为50m,为保证各个地质要素在三维尺度上的代表性及精度符合要求的原则,块体在平面上的尺寸设置为建模地质剖面间距的1/3,而纵向尺度设置为2000m。同时,因为建立块体模型是在实体模型的基础上进行,所以块体模型的坐标范围需根据实体模型的坐标范围来确定,块体模型的X、Y、Z最小坐标都要小于实体模型的最小坐标,X、Y、Z的最大坐标都要大于实体模型的最大坐标。根据上述三维建模基础资料的情况与技术原则,并参考了《固体矿产勘查三维地质建模技术要求》(DZ/T 0383—2021),根据实际情况设定块体模型的参数如下(图7-1)。最小坐标为:$X=38589000$,$Y=3328000$,$Z=-2000$m;最大坐标为:$X=38591000$,$Y=3332000$,$Z=100$m;用户块尺寸为$20m×20m×20m$。据此完成了研究区三维块体模型的生成(图7-2),共生成了2 100 000个块体。

Surpac块体模型一般包含的一些基本组件。

(1)属性:目的是将块体单元中的地质信息(如品位、岩性等)存储起来,是块体模型的核心。块体模型的属性可在建立块体模型的过程中创建,也可在后期根据实际工作需求进行添加或删除。属性的类型可分为字符型、整型、实数型、浮点型和计算型等。这些属性值可输出为报告或通过窗口浏览进行查阅。

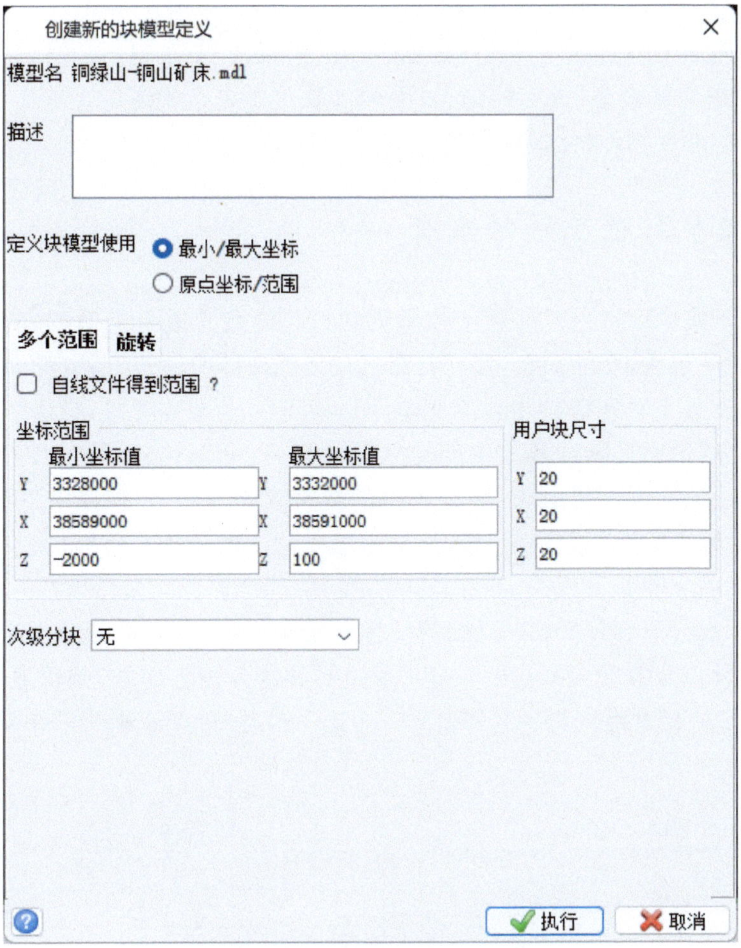

7 三维地球化学-地球物理块体模型构建

图7-1 块体模型参数设定

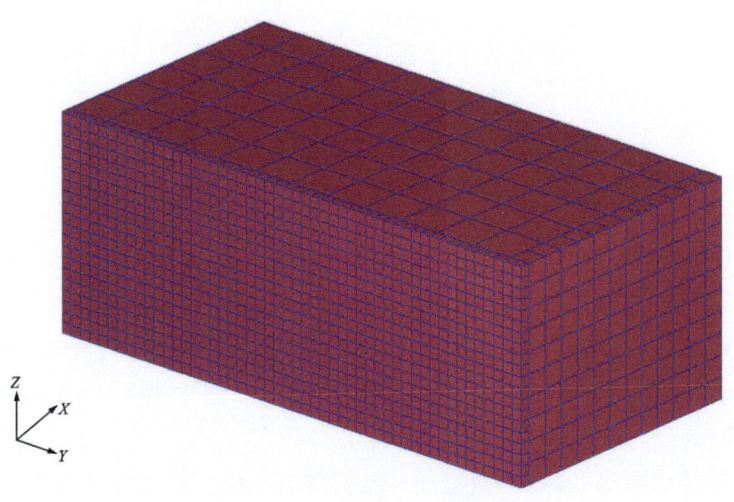

图7-2 研究区块体模型

(2)约束:通过建立约束条件可实现对块体模型中特定数据的筛选和三维显示。约束条件可以在三维地质建模的任一环节进行添加、修改、删除,以便实现各种必要的数据运算和存储。Surpac软件中实体模型、表面模型、线文件以及数学表达式等均可以作为约束对象。约束文件以二进制文件保存,文件扩展名为".con"。

7.2 三维地球化学块体模型

三维地球化学块体模型主要是基于收集到的钻孔样品光谱分析数据,共收集到57个钻孔的光谱数据,总共包含16种元素,根据元素的相关性及前期的预研究,从中选择了Au、Ag、Cu、Pb、Zn、W、Mo共7种元素参与地球化学块体模型的构建。首先,对这7种元素在SPSS软件中进行因子分析,通过降维提取有利地球化学指标,分别构建了F1、F2、F3因子;然后,通过数据转换从中提取因子数据源,利用获得的数据源在Surpac软件中进行数据的空间插值运算,获得每个因子的空间数据值;最后,通过建立约束获得整个研究区范围内的三维地球化学块体模型,具体步骤如下。

(1)选择Au、Ag、Cu、Pb、Zn、W、Mo共7种元素在SPSS软件中进行因子分析,获得空间中的组件图和成分得分系数矩阵(图7-3),通过对其成分进行比较,获得F1、F2、F3因子组合。其中,F1因子的元素组合为Au-Ag-Cu-Zn,F2因子的元素组合为W-Mo,F3因子的元素组合为Pb-Zn。

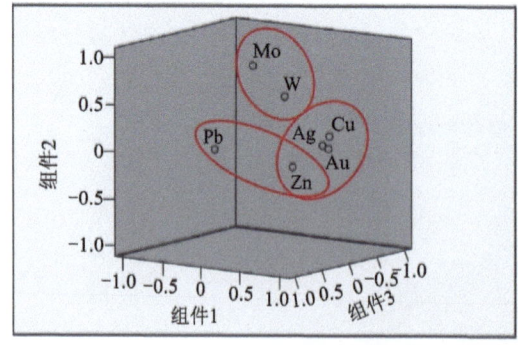

	成分		
	F1	F2	F3
Au	0.850	0.073	0.006
Ag	0.830	0.148	0.105
Cu	0.815	0.173	-0.069
Zn	0.596	-0.049	0.358
Mo	-0.055	0.865	0.066
W	0.307	0.637	0.050
Pb	0.050	0.114	0.948

图7-3 相关性因子分析图

(2)通过钻孔数据库的方式将F1、F2、F3因子分别导入Surpac软件中,具体的导入方式在数据库构建章节已进行过详细描述。为了确保用于估值的数据按照相同的样长进行加权平均且保证估值过程不出现偏差,需要对已知样品进行组合样长统计分析。这里利用Surpac软件中自带的样长统计模块,经过统计发现样品间隔主要集中在9m附近(图7-4),故对其采用9m样长进行组合。

然后进行元素数据源的提取,这里以F1因子为例,通过"数据库→组合→根据勘探工程"的方式进行F1因子数据源的提取,组合样长选择9m,字段名称选择F1因子,即可生成F1因子数据源(图7-5)。按同样的方法可以获得F2和F3因子的数据源。

7 三维地球化学—地球物理块体模型构建

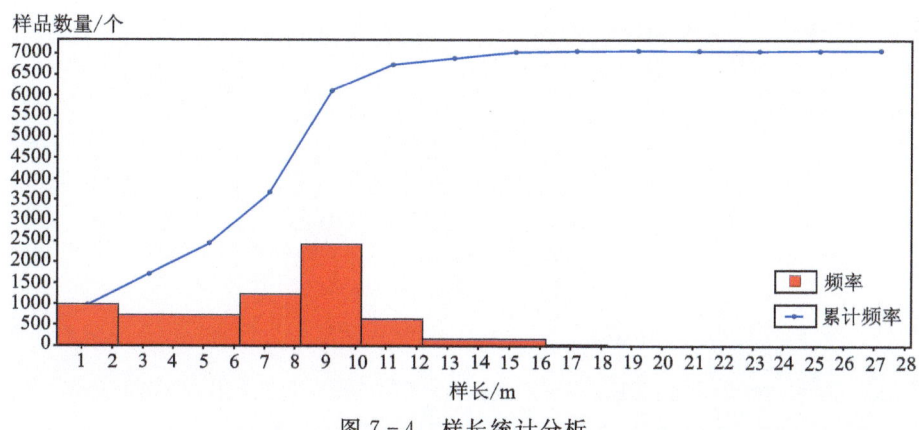

图 7-4　样长统计分析

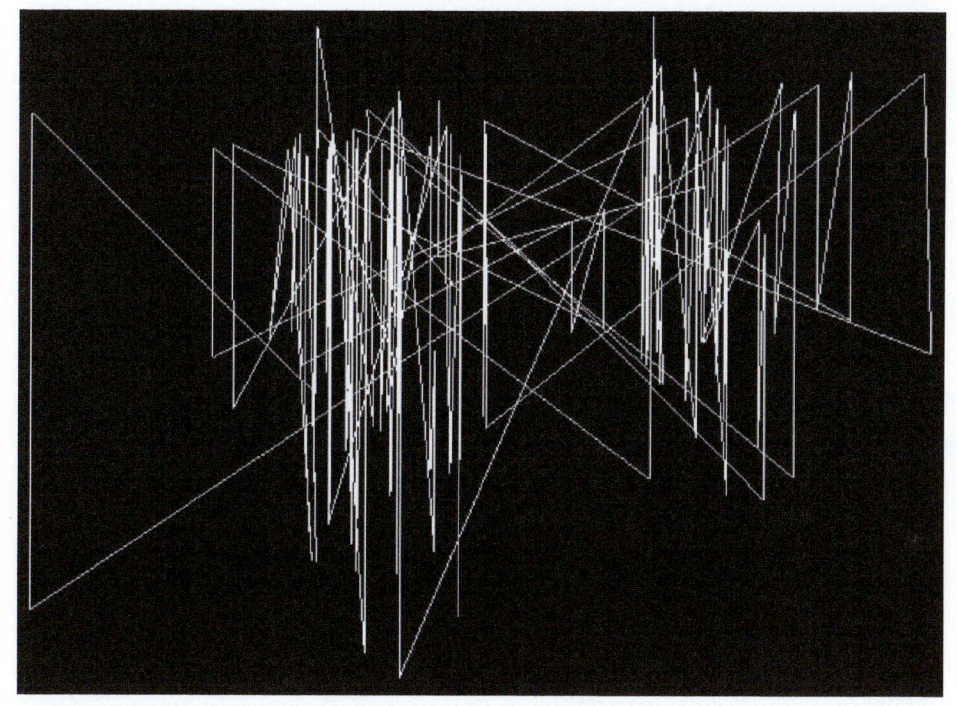

图 7-5　F1 因子数据源

（3）数据源提取完成后，开始进行属性的充填。在空块体模型中建立 F1 因子属性，利用获得的 F1 因子数据源，通过插值计算进行 F1 因子属性的充填，估值方法选用距离幂次反比法。使用距离幂次反比法对模型的地球化学属性进行填充时，是根据距离模型质心最近的样品点的值来确定的，而指定的有效范围内样品的权重是根据距离块体质心的距离反比得到的。通过"块体模型→估值→距离幂次反比法"，选择计算的数据源和充填的属性，最大搜索半径选择 1600。插值时需要设置搜索椭球体的方位，椭球体的方位是根据矿体产状来确定的，铜绿山-铜山矿床的矿体方位角约为 10°，倾伏角为 70°，倾角为 −70°（负值在软件中代表椭圆球体方位，此处用负值）。椭球体设定完成后即可以开始进行属性运算。设置的搜索椭球体和钻孔叠加效果如图 7-6 所示。

· 77 ·

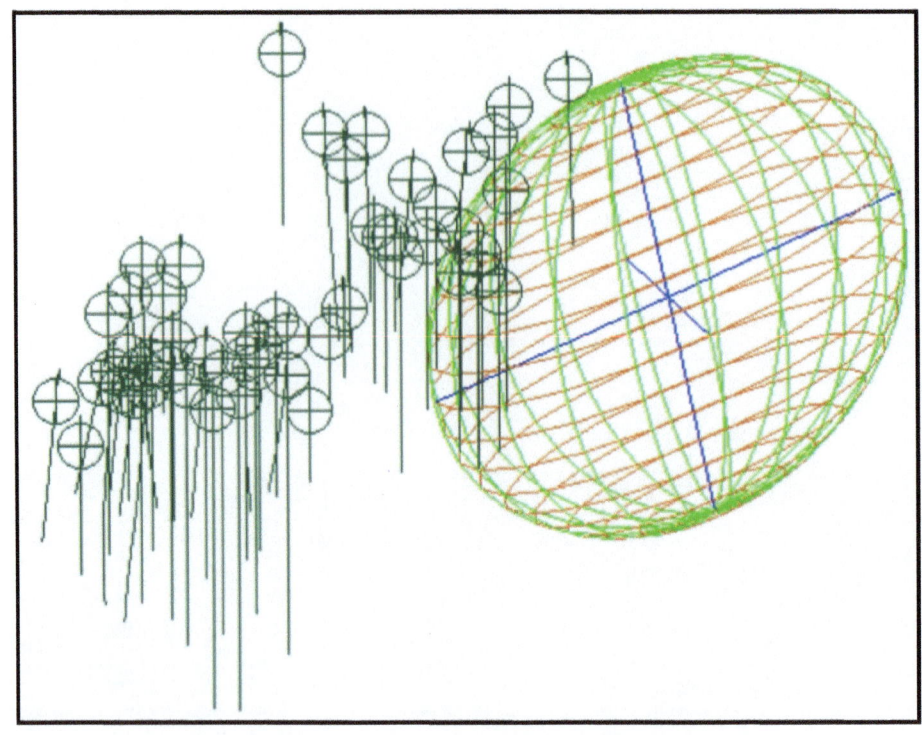

图 7-6 搜索椭球体和钻孔叠加效果图

(4)计算完成后,每个块体中都有一个 F1 因子数据值,随后用相同的方法对 F2 和 F3 因子进行空间插值计算,获得 F1、F2 和 F3 因子的数据值。最后,根据下限值来进行约束,从而可以获得三维地球化学块体模型(图 7-7)。

7.3 三维地球物理块体模型

重磁异常是地下介质不均匀分布的反映。重力异常是介质密度的响应,可以为研究区的褶皱、构造和基底结构的反演提供丰富的信息;磁异常是介质磁性的响应,可以为研究区的岩体分布、矿体与岩体关系提供重要线索。本次工作收集了整个铜绿山矿区内 1∶1 万的磁法和重力数据。为了开展三维可视化研究,首先对重磁原始数据进行了处理;然后利用小波分析的方法对地下不同深度的细节异常进行了提取;再对不同深度的小波分析数据开展 Theta 图法分析,进行重磁异常梯度带提取;最后对提取的重磁异常梯度带进行缓冲处理,构建三维地球物理块体模型,具体步骤如下。

1. 重磁数据预处理

首先需要将重磁数据进行预处理。本次收集了研究区内的 1∶1 万地磁数据和航磁数据。经过对两种数据进行对比,发现地磁数据受地表矿体影响较大,周围局部异常不易凸显,因此采用航磁数据来进行块体模型的构建。首先需要对收集到的航磁数据进行坐标校正,之后对数据进行化极处理,目的是消除斜磁化的影响。磁法数据处理结束后对数据进行网格化

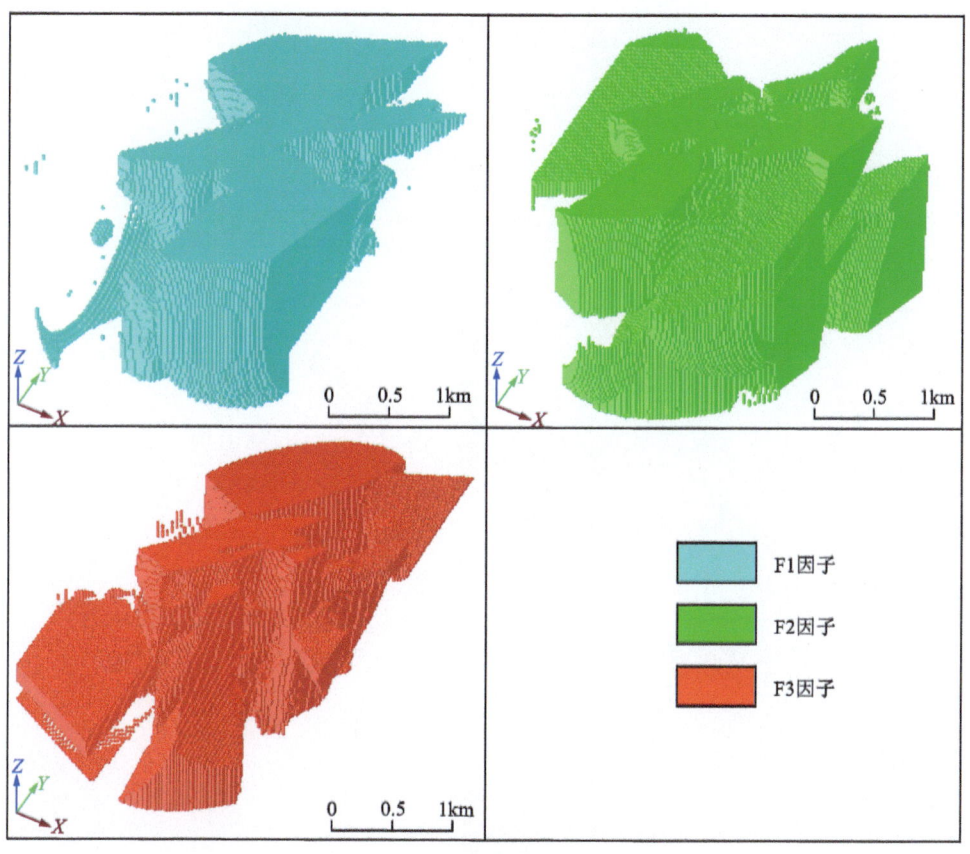

图 7-7 三维地球化学块体模型

处理,生成磁法平面等值线图(图 7-8)。

相比于航磁数据,本次收集到的 1∶1 万重力数据十分杂乱,为不同时期不同单位测量的数据。因此,首先需要对重力数据进行预处理,剔除一些重复点和异常点。预处理结束后就需要对数据进行网格化处理,使得数据表现为平面上均匀分布的点。处理完成后还需要对重力数据进行高通滤波处理,目的是去掉原始数据中杂乱单点异常的影响。数据处理完成后,对重力数据进行平面等值线图的绘制,如图 7-9 所示。

2. 小波分析数据源提取

小波分析是近年来应用数学和工程学科中一个迅速发展的新技术,广泛应用于信号、图像处理及地震和重磁勘探等众多领域。小波分析引入了多尺度分析的思想,能够反映研究对象的局部和细节,被人们称为"数学显微镜"。它可以将信号分解成各种不同频率或尺度成分,并且通过伸缩、平移聚焦到信号的任一细节加以分析。由于小波分析方法本身的局限性,其提取的纵向信息分辨率取决于平面数据的范围,如果平面数据范围过小,其提取的异常信息可信深度也较浅。因此,为了反映地下-2000m 以浅的重磁异常信息,利用小波分析方法对整个铜绿山矿区的重磁数据进行了提取,将异常分解到 2~7 阶的细节,磁法和重力不同阶次细节异常信息分别如图 7-10、图 7-11 所示。

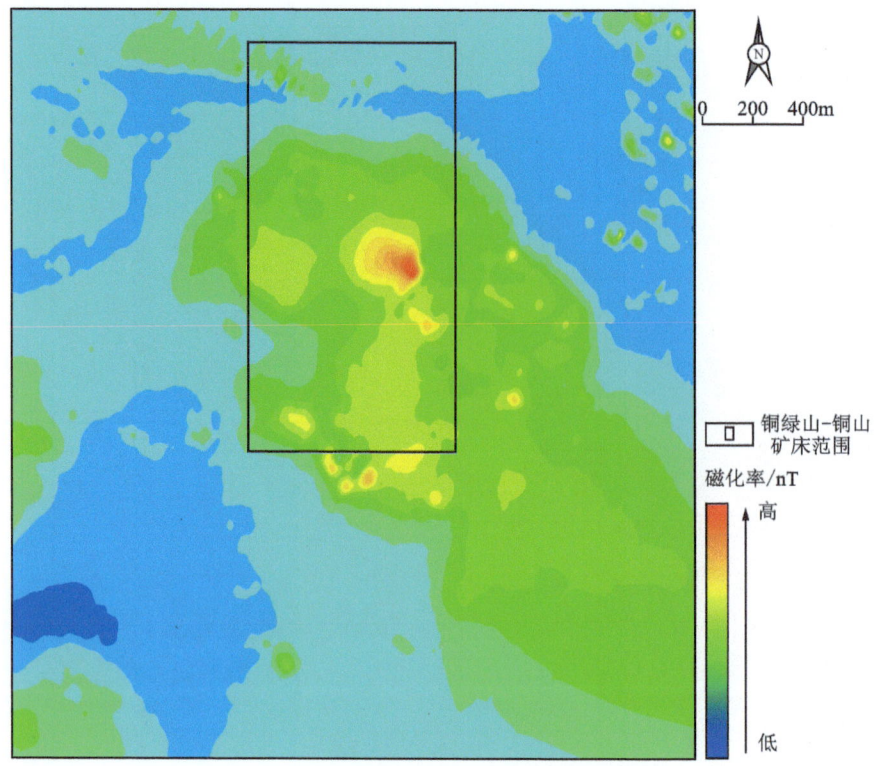

图 7-8　铜绿山矿田磁法平面等值线图

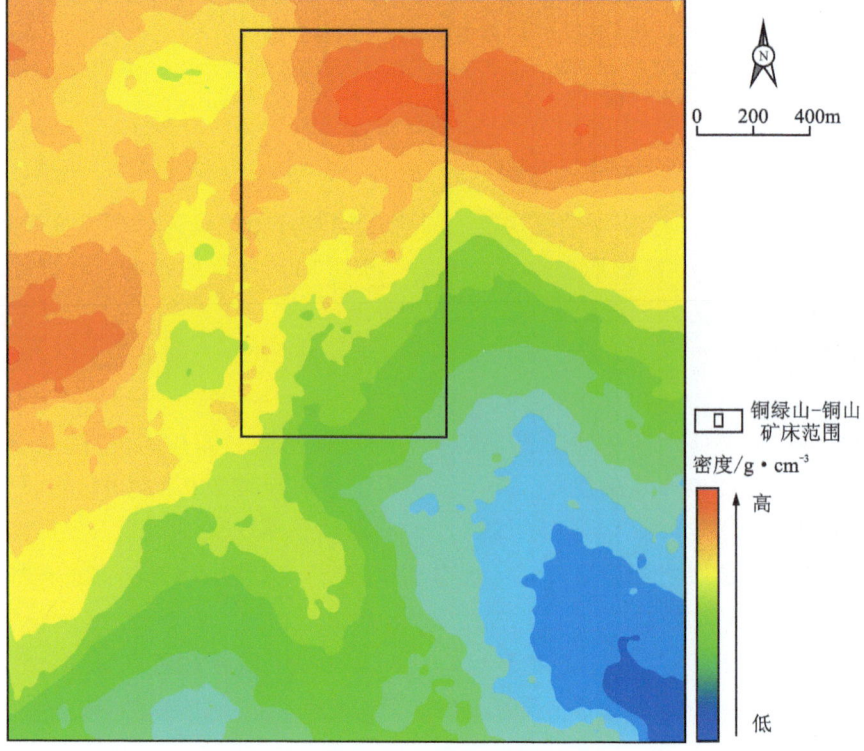

图 7-9　铜绿山矿田重力平面等值线

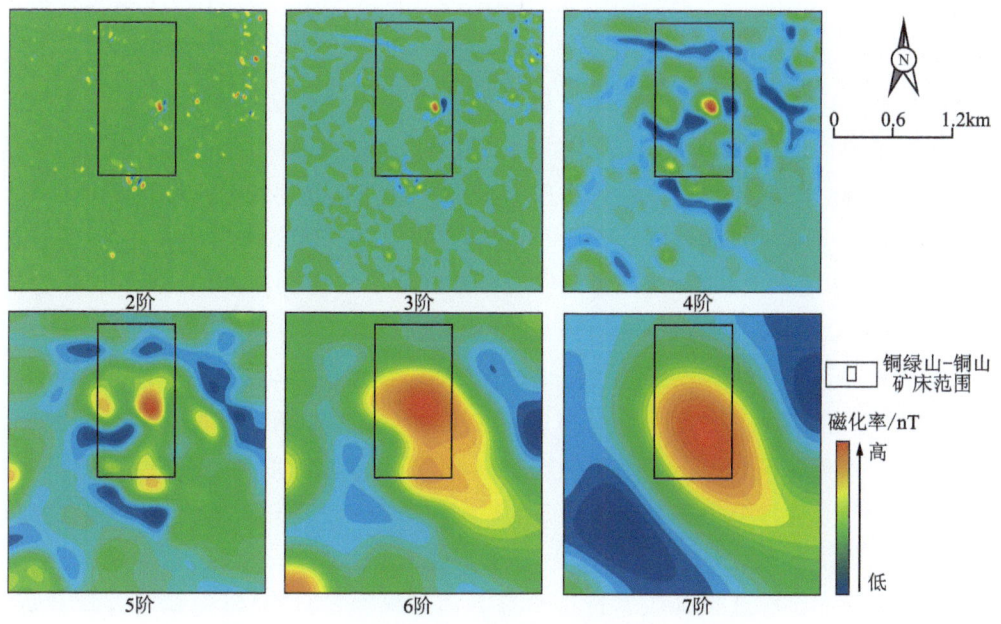

图 7-10　铜绿山矿田磁法不同阶次小波分析结果

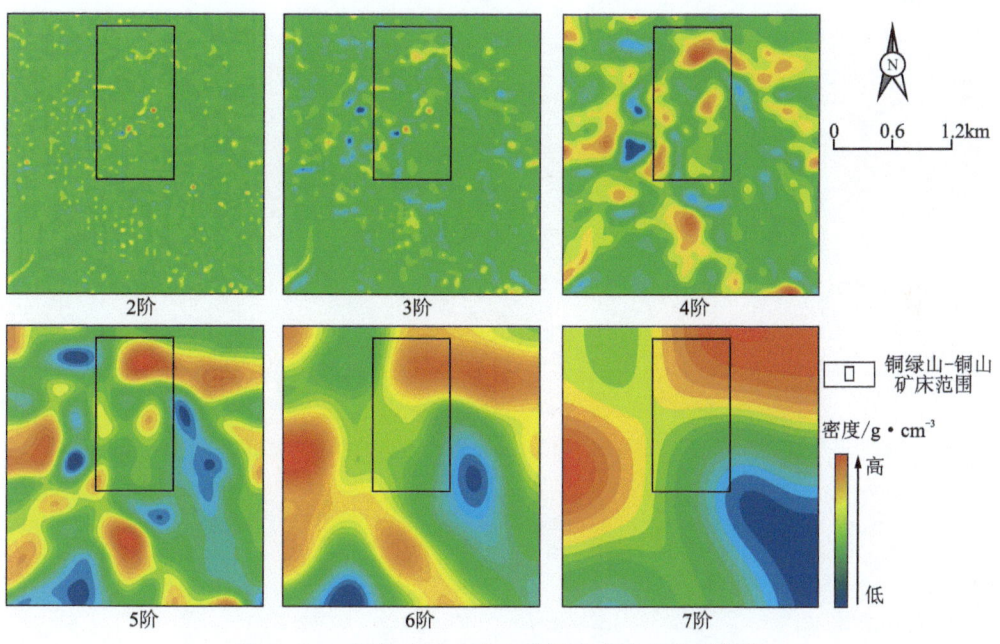

图 7-11　铜绿山矿田重力不同阶次小波分析结果

获得小波细节异常后,还需要利用平面重磁异常功率谱分析方法来确定场源似深度,用来指导判断深部场源的细节异常信息。本次研究中对构建的重磁小波不同阶次数据分别进行了功率谱分析计算,重磁 2 阶到 7 阶代表的深度分别为 −162m、−305m、−703m、−1224m、−2431m 和 −3727m,将计算获得的深度作为高程赋给不同阶次的小波分析数据。

3. Theta 图法确定重磁异常梯度带

Theta 图法是一种用来进行重磁异常边界增强的方法。该方法主要是基于总水平导数与总梯度模量法的比值,对重磁异常的高低幅值有着较好的平衡作用,从而达到在增强浅源异常的同时对深源异常也实现边界增强的效果。本次研究中分别对前期获取的 2～7 阶的小波分析数据进行了 Theta 图法计算。其中,2 阶细节异常由于代表的深度较浅,受到地表的干扰程度较大,对异常边界识别能力较弱;7 阶细节异常由于代表的深度较深,细节异常信息分辨率不足,对异常边界识别能力较弱并且超出了本次块体模型的构建范围。因此,利用 Theta 图法确定重磁异常边界利用 3～6 阶的小波分析数据,可以用来识别研究区范围内－2000m 以浅的边界异常信息。为了对比不同深度 Theta 图法信息与实际地质情况的吻合程度,将与其对应深度的矿体实体模型进行了切面处理,获取了不同平面深度的矿体信息。将不同阶次的重磁 Thata 图与对应深度的矿体进行叠加(图 7-12、图 7-13),可以发现矿体主要位于重磁 Thata 图的负梯度带附近,表明重磁异常负梯度带与矿体的吻合程度较好,可以结合地质规律对研究区范围内负梯度带区域进行细节异常信息提取,构建三维地球物理块体模型,综合地质约束最终提取的重磁异常梯度带如图 7-14 所示。

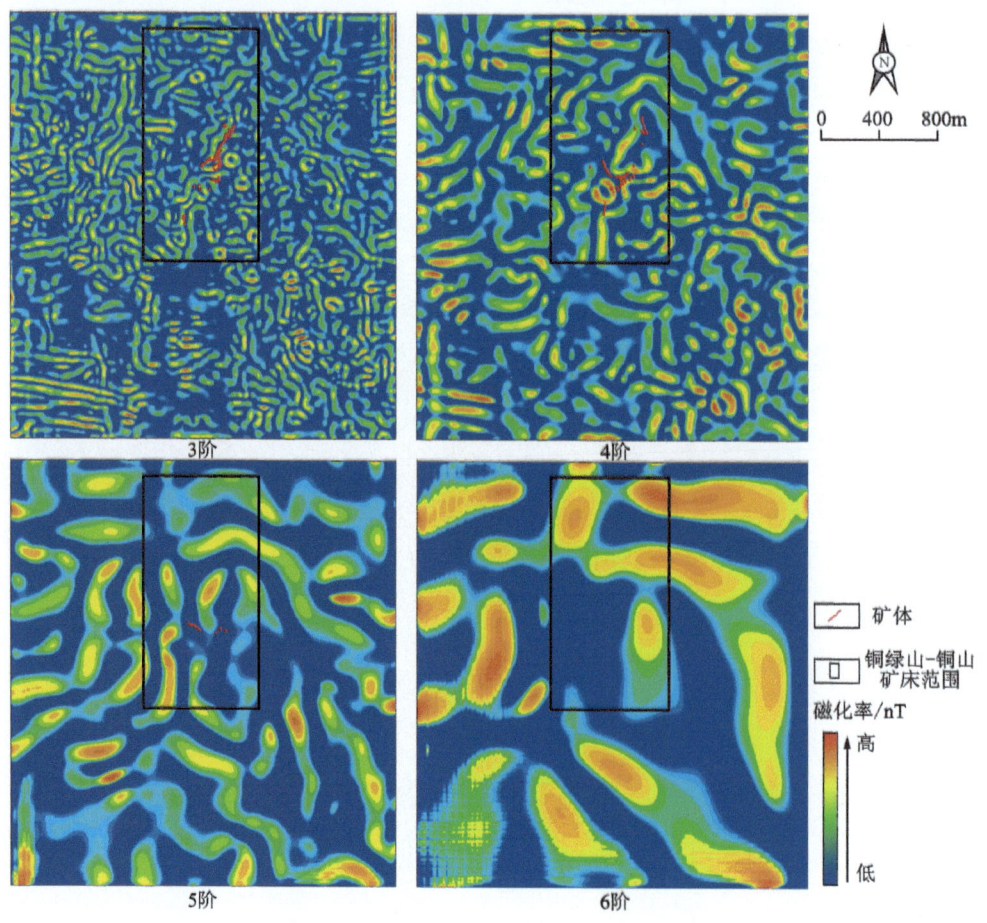

图 7-12 铜绿山矿田重力 3～6 阶 Theta 图与矿体叠加结果

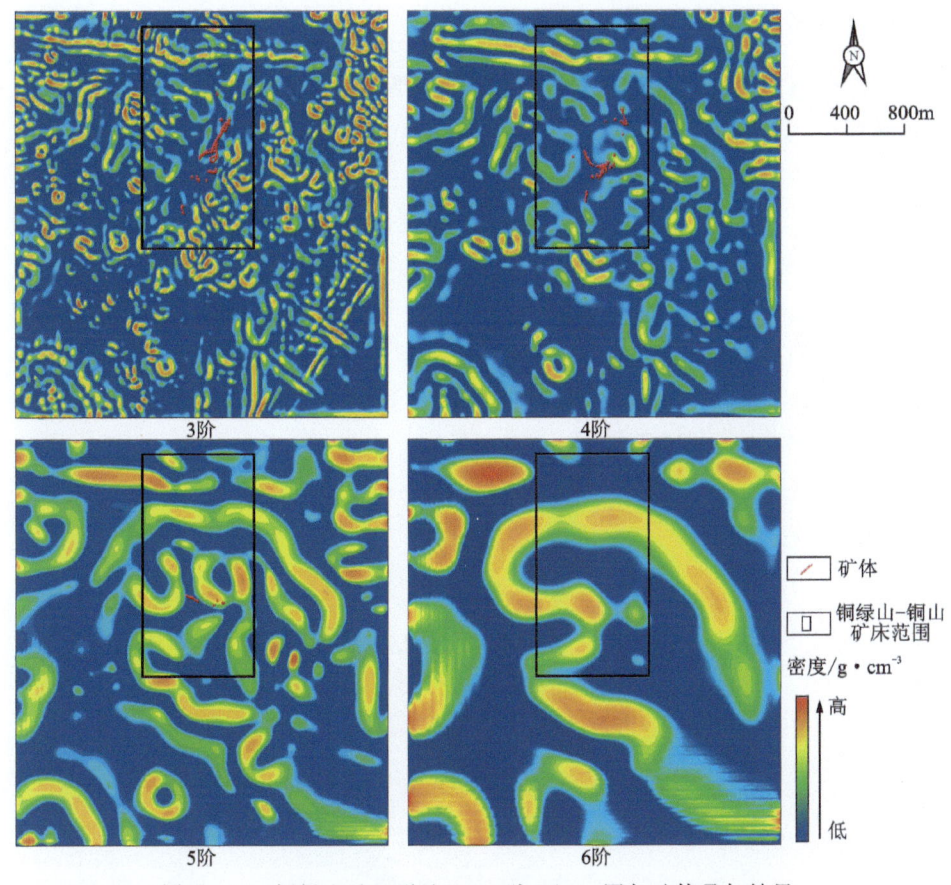

图 7-13 铜绿山矿田磁法 3~6 阶 Theta 图与矿体叠加结果

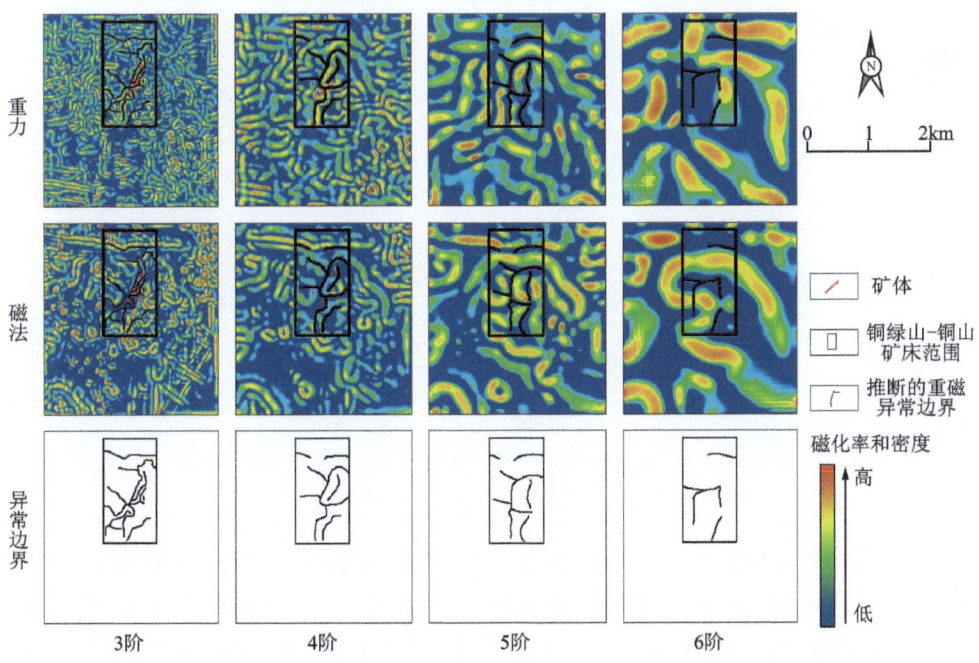

图 7-14 铜绿山矿田重力和磁法 3~6 阶 Theta 图异常梯度带提取结果

4. 三维地球物理块体模型构建

通过对重磁信息及实际地质情况的综合解译,获取了3~6阶Theta图重磁异常边界线,将获取的重磁异常边界线导入Surpac软件中。由于3阶Theta图解译获取的重磁异常边界线与地表出露的矿体及岩性分界线相近,而其代表的深度为-305m,因此将3阶异常解译的重磁异常边界按照地表实际地质情况上延至0m标高附近,将所有解译的重磁异常梯度带线串进行叠加,如图7-15a所示;之后采用创建三角网的方法构建完成0m到-2000m以浅范围内的重磁异常梯度带实体模型(图7-15b);构建完成后将其作为DTM约束进行重磁异常梯度带缓冲数据源的提取(图7-15c);利用获取的数据源通过最近距离法进行空间估值运算,选择的缓冲距离为100m。估值结束后,建立约束提取重磁异常梯度带100m范围内的块体即为三维地球物理块体模型(图7-15d)。

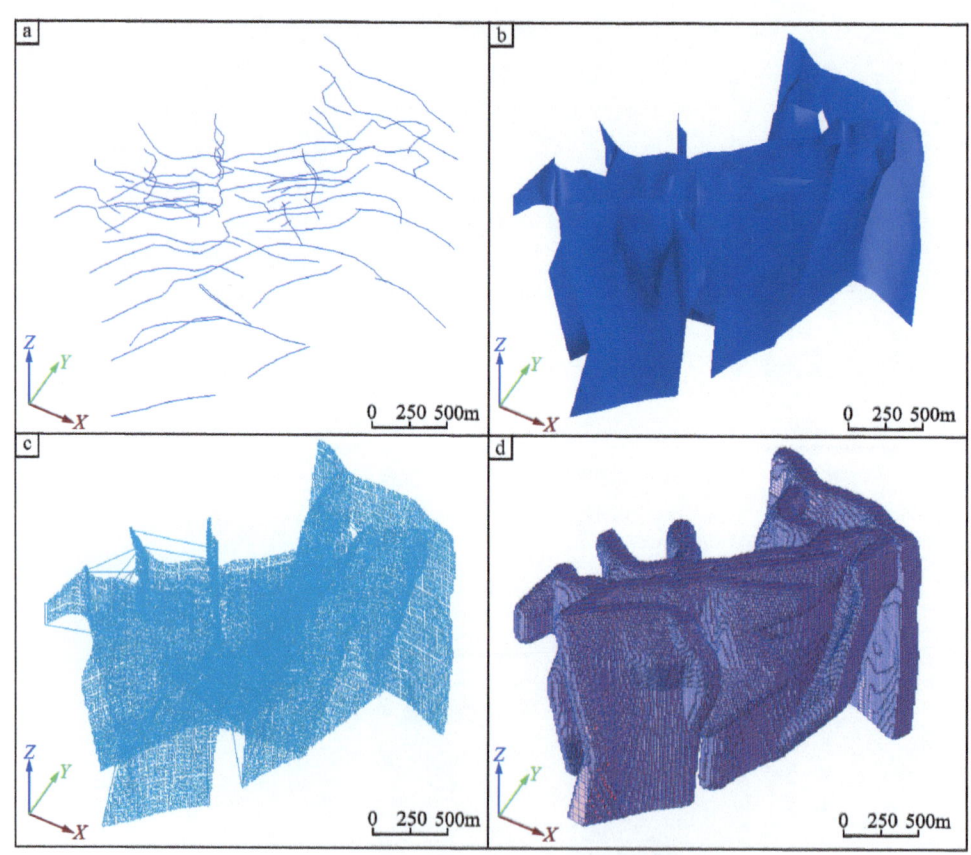

图7-15 地球物理块体模型构建步骤示意图
a.重磁异常梯度带线串;b.重磁异常梯度带实体模型;c.重磁异常梯度带缓冲数据源;
d.重磁异常梯度带缓冲块体模型

基于三维地质模型构建及对重磁数据的二次开发,对铜绿山-铜山矿床范围内的重磁数据进行重磁同源异常提取。在平面重磁数据处理的基础上,在铜绿山-铜山矿床范围内分别提取0nT以上的磁异常和0g/cm³的重力残差异常,将二者进行综合,形成重磁同源异常。将重磁同源异常与侵入接触面模型和矿体模型进行叠加，识别出铜绿山岩株在侵位过程中存在 3 个 SE-NW 向的岩浆通道，分别位于 415～26 号勘探线、11～19 号勘探线和 55 号勘探线以北（图 7-16）。矿体群和重磁同源异常均位于岩浆通道的两侧，并且岩浆通道周围的矿体规模较大，矿体群的展布受到岩浆侵位导致的背形和向形构造行迹控制。

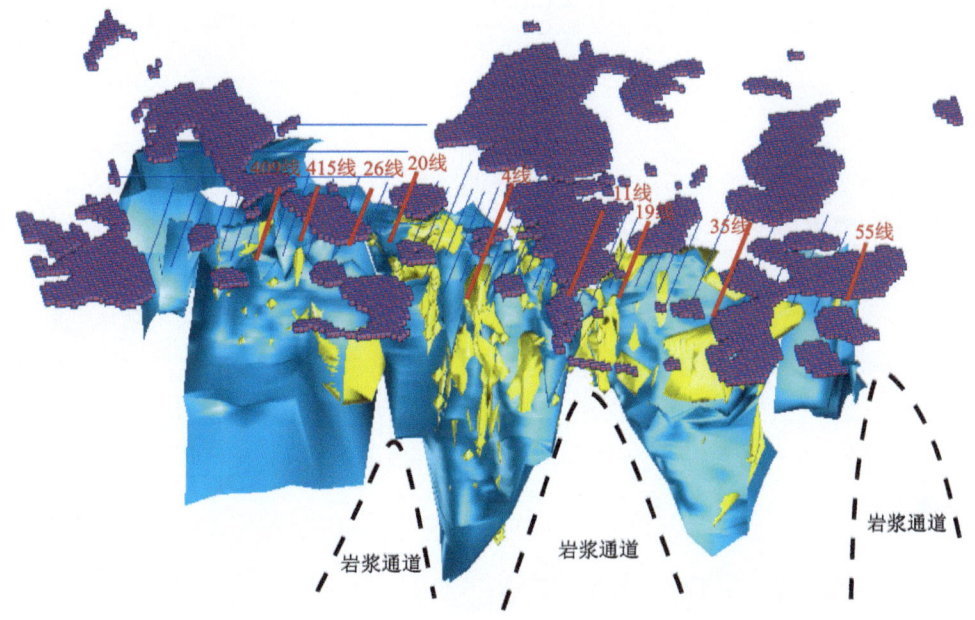

图 7-16 重磁同源异常、侵入接触面模型、矿体模型与岩浆侵位通道示意图

8 立体找矿信息提取与预测要素厘定

立体找矿预测是在三维地质建模的基础上进行的,基于三维综合信息模型进行隐伏矿体预测。三维找矿预测的特色可以概括为:①资料的二次利用与定量分析相结合;②多元信息的有效整合与资源评价方法的求实创新相结合;③矿山的三维可视化与矿床的立体定位相结合。研究思路可以概述为:通过对研究区地质条件和典型成矿模式的剖析,总结成矿规律,分析处理各种深部找矿评价的定量化信息,利用 Surpac 软件构建研究区矿体、接触带、地层、蚀变、岩体等三维实体模型,以及地球物理、地球化学三维块体模型等,进而开展三维找矿信息的提取与优化评价,并将找矿信息赋予每一个块体预测单元,最后利用多种数学方法构建三维综合预测模型,进行三维找矿预测,优选找矿靶区。

8.1 预测要素与矿体定位关系

8.1.1 侵入接触面与矿体空间关系

侵入接触构造作为区内控矿构造的主要类型,且形态十分复杂。通过对比侵入接触面模型与矿体模型之间的关系(图 8-1),可以看出接触构造的形态与成矿有密切依存关系,矿体一般产于接触构造形态变化比较剧烈的位置。特别是当大理岩呈半岛状与岩浆岩接触时,接触面广并有利于继承性断裂的延续扩张,增强矿液渗透沉淀,形成的矿体规模较大,如铜绿山Ⅳ、ⅩⅣ号矿体;当大理岩呈捕房体被岩浆岩包围时,形成的规模较小,如铜绿山Ⅶ、Ⅷ、Ⅸ号矿体。

根据前人的研究认识,单一的接触带往往并不能形成厚大矿体,当区内 NNE 向与 NW 向两组构造交会复合形式接触带时,对成矿比较有利,如铜绿山矿区的 ⅩⅢ、ⅩⅣ 号矿体在 4 号至 2 号勘探线附近即受上述复合构造控制(图 8-2),形成了规模厚大的工业矿体。此外,在接触带附近 120~200m 大理岩中的层间破碎带及岩性有变化的接触界面,常发育矽卡岩或硅化白云质大理岩,并能形成单铜矿体,此类矿体一般延深不大、规模较小。

8.1.2 围岩蚀变与矿体关系

在岩体与大理岩地层接触带两侧通常形成不同形态、规模及类型的矽卡岩。铜绿山-铜山矿床矽卡岩的岩石类型主要有石榴子石矽卡岩、透辉石矽卡岩、金云母矽卡岩、金云母透辉石矽卡岩、石榴子石透辉石矽卡岩等。这些矽卡岩分带明显且与成矿关系密切,往往构成矿

8 立体找矿信息提取与预测要素厘定

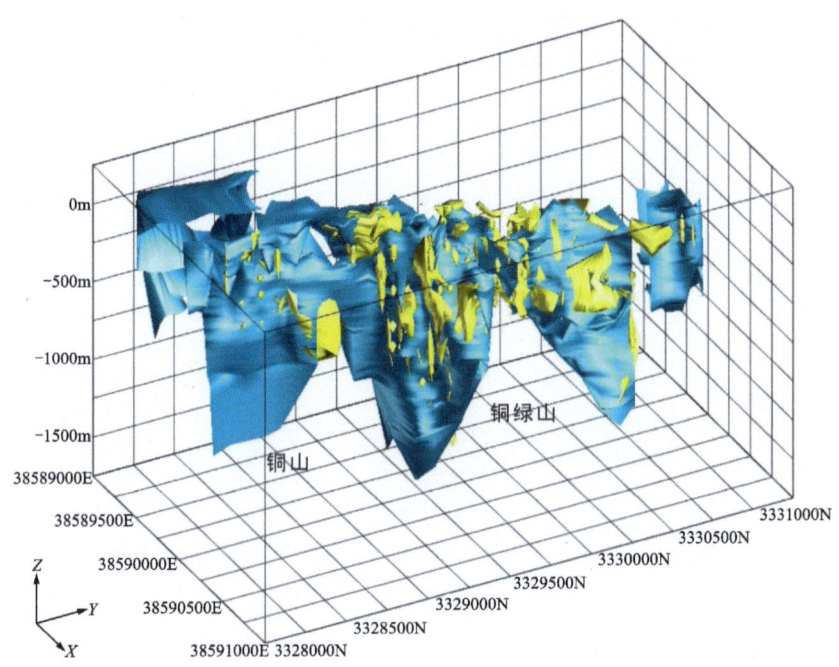

图 8-1 铜绿山-铜山矿床侵入接触面模型与矿体模型叠加图

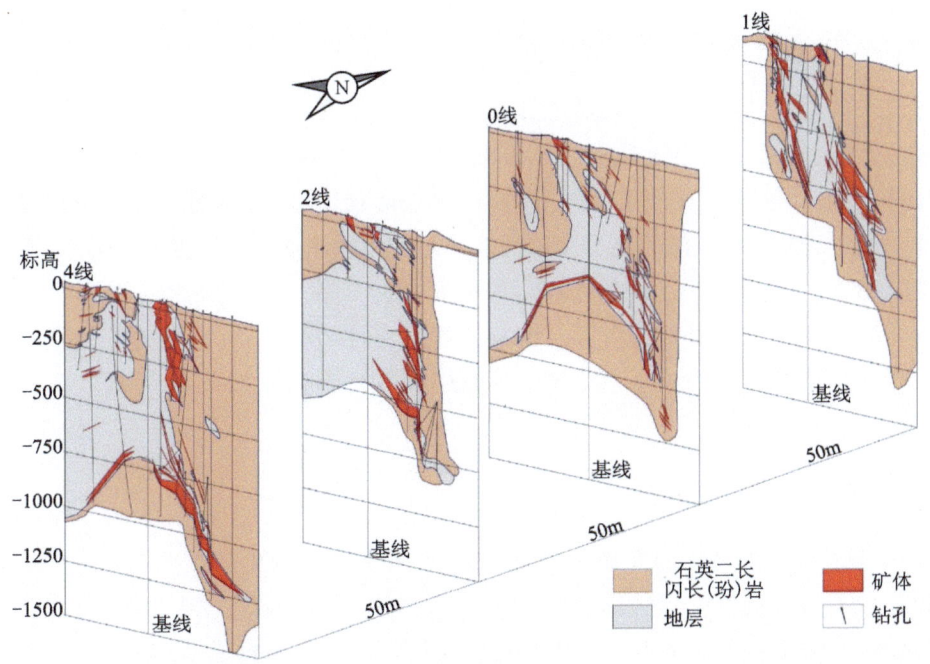

图 8-2 铜绿山-铜山矿床 4 号至 1 号勘探线剖面图(引自湖北省地质局第一地质大队内部资料)

体的直接"围岩"。矽卡岩化为本区最为常见且最重要的近矿蚀变,矽卡岩化发育强烈的地段都可能有工业矿体出现,因而其为最直接的地质找矿标志。通过将区内的矽卡岩化蚀变实体模型与矿体模型叠加(图8-3),发现蚀变模型的形态与矿体模型相近,反映出矽卡岩与矿体之间密切的产出关系。矽卡岩可以作为区内围岩蚀变的示矿因子,参与矿床内深部找矿预测。

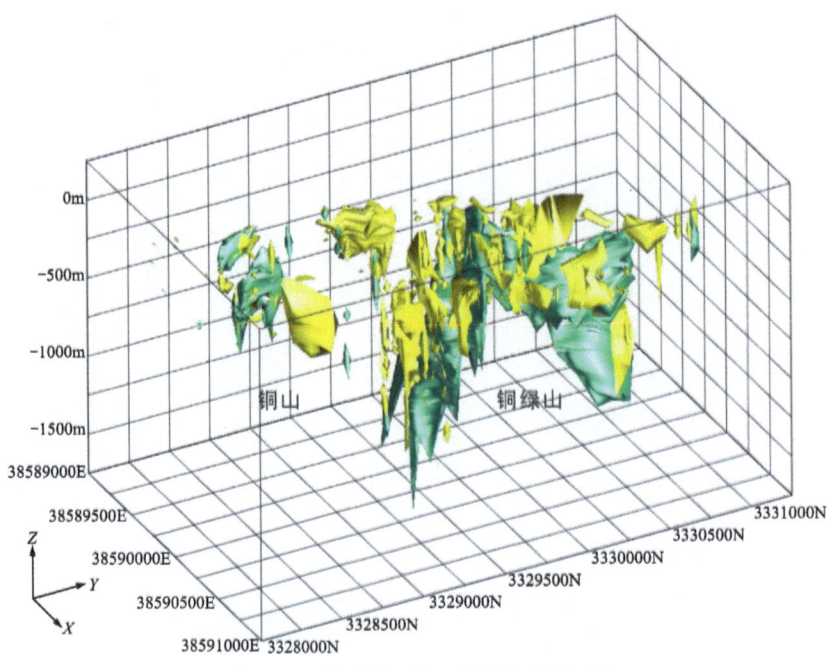

图8-3 蚀变模型与矿体模型叠加图

8.1.3 地层与矿体空间关系

区内与成矿关系密切的为三叠系嘉陵江组和大冶组的第三、第四岩性段碳酸盐岩地层，碳酸盐岩地层由于钙、镁及泥质含量的差异造成岩性的不均一性，但其总体化学性质活泼，有利于交代作用。同时，区内大理岩层理发育，常形成厚薄互层，因而在构造应力的作用下容易发生破碎，为矽卡岩的形成和矿液的充填交代创造了良好的物理条件。三维模型显示（图8-4），地层在空间上沿NNE向构造成带断续分布，同时带状分布的大理岩会被沿高角度NWW向断裂侵位的岩浆岩分割。地层模型作为三维实体模型，在空间上只有地层与岩体接触的位置（接触带）或者大理岩层间才会有矿体产出，而地层实体内部大范围的空间内出现矿体的概率小。

8.1.4 岩体侵位与矿体关系

区内与成矿作用关系密切的为燕山早期第三次侵入的铜绿山石英二长闪长（玢）岩体。石英二长闪长（玢）岩具有富碱、低铁镁、高挥发分、铜丰度较高的特征，是成矿的有利岩浆岩。成岩成矿在时间上具有一致性，石英二长闪长玢岩同位素年龄为141Ma，铜铁成矿年龄为140~137Ma，表明了成矿作用紧随于岩浆岩侵位之后（谢桂青等，2009；Xie et al.，2011c）。铜绿山岩体（岩株）属中浅成被动侵位，剥蚀程度较低，形成的矿体大多得以保存。矿体严格受岩体与三叠系碳酸盐岩类围岩接触带控制，而接触带、矽卡岩、矿体的空间分布、形态、产状和规模等明显受岩体的分布与形态等制约。但岩体范围相比较其他地质体而言过大，很难作为预测要素进行三维找矿预测，故选择侵入接触带效果更优。

8 立体找矿信息提取与预测要素厘定

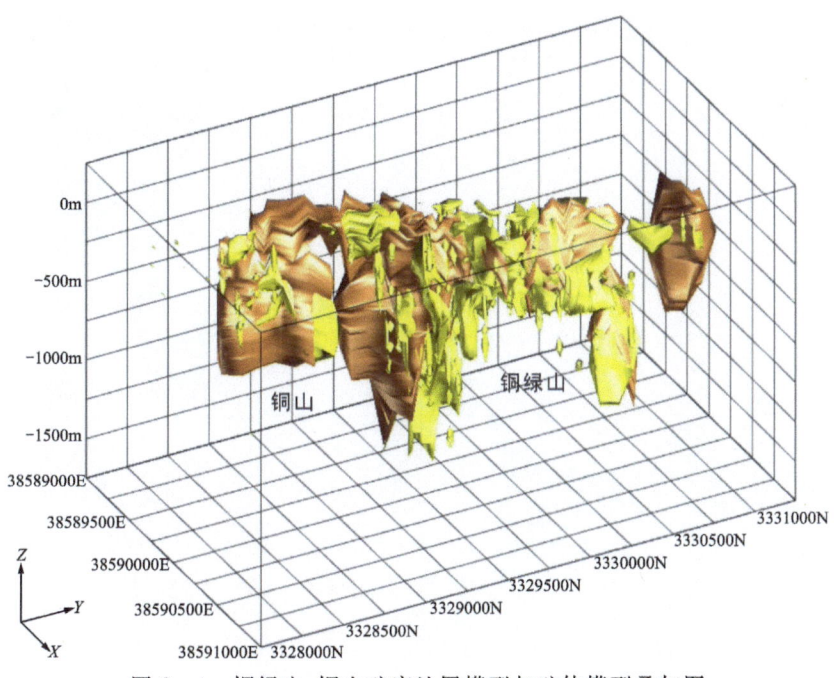

图 8-4　铜绿山-铜山矿床地层模型与矿体模型叠加图

8.1.5　地球化学因子与矿体空间关系

本次研究中利用铜绿山矿区和铜山矿区收集的 57 个钻孔光谱分析数据,选择了 7 种元素通过降维处理,分别构建了 F1、F2、F3 因子。其中,F1 因子的元素组合为 Au-Ag-Cu-Zn,F2 因子的元素组合为 W-Mo,F3 因子的元素组合为 Pb-Zn。为了确定哪个因子与矿体之间的关系更加密切,将它们分别与矿体模型进行套合分析(图 8-5)。

通过三维立体对比,发现 F1、F2 和 F3 因子的延伸方向与矿体走向大致一致,其中 F1 因子与矿体之间的套合性最好,铜绿山-铜山矿床的成矿元素主要是 Cu、Fe、Au,表明 Au-Ag-Cu-Zn 的元素组合可以指示 Cu、Fe、Au 矿体的存在,F2 和 F3 因子与矿体之间的套合性相对较弱。

8.1.6　重磁异常梯度带与矿体空间关系

重磁勘探是基于岩(矿)石的密度、磁性物性差异而进行的,掌握研究区内不同地层及矿物的物性特征也是重磁解释与推断工作的基础。本次研究对前人在铜绿山矿区测量的岩(矿)石物性参数进行了系统的收集与整理,统计结果如表 8-1 所示。

通过物性参数统计表和构建的物性参数变化图(图 8-6、图 8-7)可以看出,铜绿山矿区矿石的密度远大于其他地质体岩石的密度,其次是矽卡岩,具有高密度特征,密度大于除了矿石以外的其他地质体岩石,大冶组和嘉陵江组碳酸盐岩具有中密度特征,与铜铁金成矿密切相关的中酸性岩浆岩具有低密度特征。总体来看,矿石的密度最大,碳酸盐岩地层的密度明显高于岩浆岩,二者有一定的密度差。在磁化率方面,含铜磁铁矿和磁铁矿的磁性最强,其次

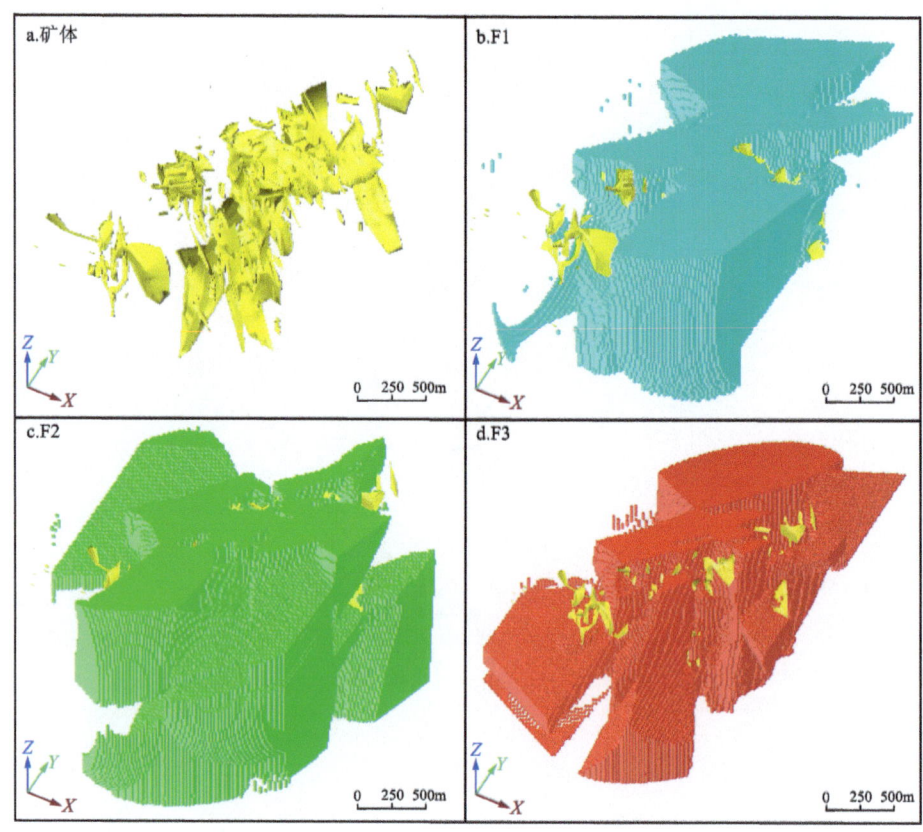

图8-5 铜绿山-铜山矿床地球化学因子块体模型与矿体模型叠加图

表8-1 铜绿山矿区岩(矿)石物性参数表

岩(矿)石分类	密度/g·cm^{-3}		磁化率/$4\pi \times 10^{-4}$SI	
	范围	常见值	范围	常见值
杂角砾岩	2.548~2.654	2.601	2.00~28.00	15
灰岩	2.661~2.812	2.701	0.25~3.01	0.71
大理岩	2.684~2.780	2.732	0.25~2.72	1.15
白云岩	2.641~2.773	2.707	0.25~1.31	0.78
石英正长闪长岩	2.633~2.693	2.663	3 261.67~4 601.45	4 111.56
石英二长闪长玢岩	2.616~2.700	2.658	1 998.00~4 266.00	3132
闪长岩	2.360~2.780	2.600	600.80~7 209.60	3300
石英闪长岩	2.623~2.699	2.661	270.00~4 050.00	2160
矽卡岩(不含矿)	2.618~3.204	2.911	8.00~129.00	68.5
含铜磁铁矿	3.842~3.981	3.911		111 734
磁铁矿	3.610~4.213	3.900		77 733
金铜硫矿	3.100~4.300	3.697		20.15

是中酸性岩浆岩,大冶组和嘉陵江组碳酸盐岩磁性最弱,矽卡岩的磁性略大于碳酸盐岩地层,但低于岩浆岩。相较于密度,碳酸盐岩地层与岩体之间的磁化率差异更大。矿石的磁性最强,中酸性岩次之,碳酸盐岩磁性最弱。因此,在研究区内矿石属于高密度、强磁性物质,与其他地质体之间具有明显的物性差异。

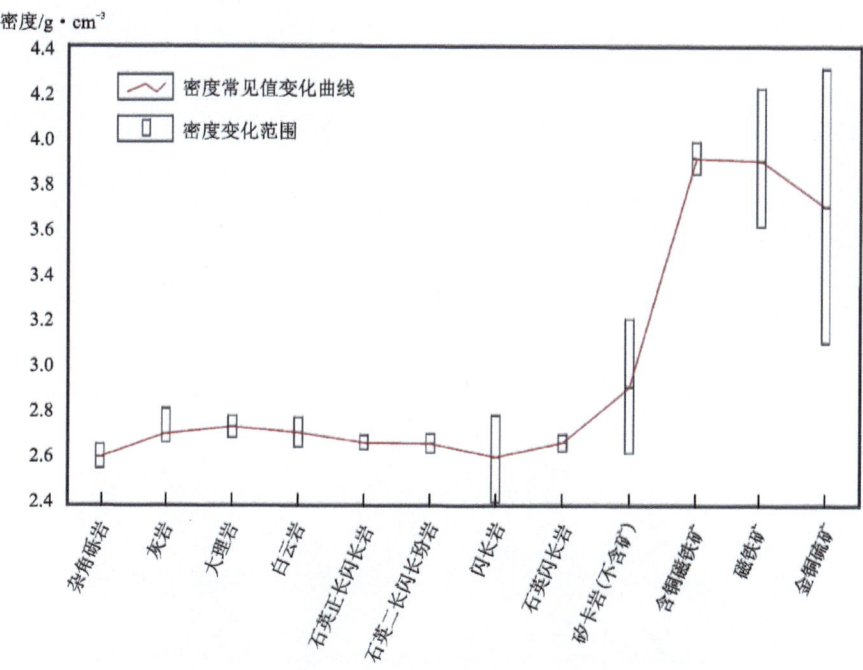

图 8-6 铜绿山矿区部分地质体岩(矿)石密度变化图

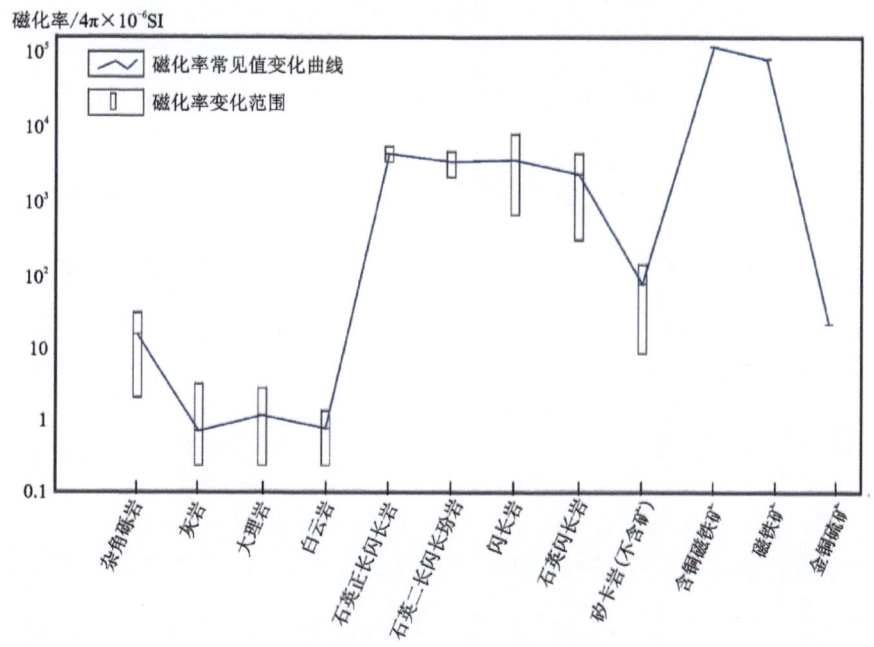

图 8-7 铜绿山矿区部分地质体岩(矿)石磁化率变化图

重磁异常梯度带可以反映物性差异较大的地质体之间的边界。在研究区内矿石属于高密度、强磁性的物质，与周围的地层和岩体之间物性差异较大，因此重磁异常梯度带可以在一定程度上推测深部矿体的空间位置。在研究区范围内，重磁异常梯度带可能由3种原因造成：一是岩体和地层之间的分界线，二者具有较大的磁性差异并且存在一定的密度差；二是较大规模的构造，例如断裂；三是矿体。前人经过对研究区控矿构造的研究，总结出褶皱-断裂-接触复合控矿构造特征。因此，无论是直接识别出矿体，还是识别出侵入接触界线和构造，这些均属于有利要素。本次根据收集的研究区内1∶1万重磁数据构建了重磁异常梯度带缓冲块体模型，将其与矿体模型进行叠加对比（图8-8），发现重磁异常梯度带缓冲块体模型与矿体的空间关系对应良好，可以利用重磁异常梯度带信息提取地球物理预测指标。

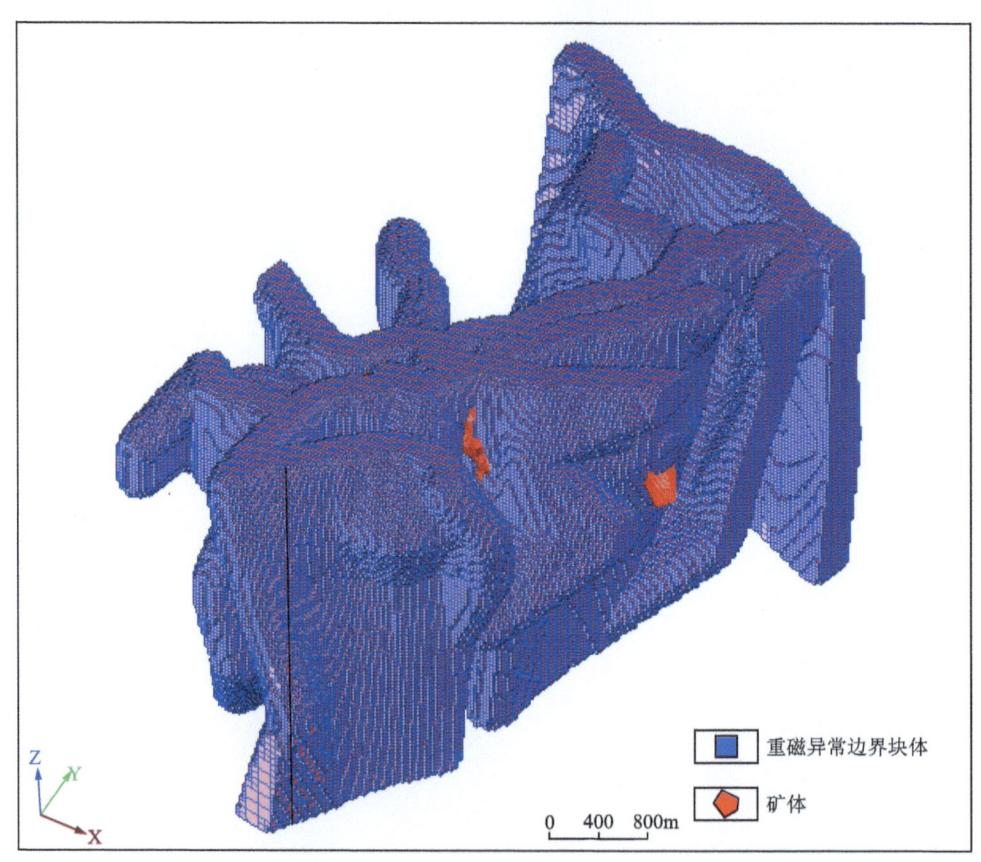

图8-8　铜绿山-铜山矿床重磁异常梯度带缓冲块体模型与矿体模型叠加图

8.2　预测要素选择

本次综合考虑铜绿山-铜山铜铁金矿床的地质特征、控矿因素以及数据资料的完整性等因素，最终选取了侵入接触面缓冲、蚀变缓冲、地球化学F1因子和重磁异常梯度带缓冲作为三维立体找矿的预测变量。

侵入接触面缓冲：接触构造是区内控矿构造的主要类型，矿体主要分布在接触带附近。

侵入接触面缓冲是在侵入接触面实体模型约束的基础上,向外延伸一定距离生成的,范围相对接触面构造更大。因此选择侵入接触面缓冲作为预测变量之一。

围岩蚀变缓冲:矽卡岩化是矿区内最重要的地质找矿标志之一,同时也与矿体空间关系密切,矿体多产在矽卡岩内,因此选定蚀变缓冲作为预测变量之一。

地球化学F1因子:通过因子相关性分析,确定F1因子代表的元素组合Au-Ag-Cu-Zn之间相关性较强,通过将其与矿体之间的相互关系进行对比,发现其能指示主成矿元素Cu、Fe、Au成矿,因此选择地球化学F1因子作为预测变量之一。

重磁异常梯度带缓冲:通过对重力和磁法数据进行综合数据处理,提取了重磁异常梯度带,并做了缓冲处理,通过将其与矿体模型叠加,发现重磁异常梯度带缓冲与矿体之间的套合性较好,因此选定重磁异常梯度带缓冲作为预测变量之一。

9 立体找矿预测及靶区圈定

三维立体找矿预测是在科学预测理论与找矿模型的指导下,对不同的控矿因素开展综合分析,进行成矿有利要素三维空间信息提取,并采用地质统计学等方法理论实现深部矿体的三维成矿地质条件分析,寻找成矿条件的有利组合,圈定有利找矿靶区。

9.1 预测方法选择

目前找矿预测方法较多,常见的有证据权重、找矿信息量、特征分析、布尔逻辑、模糊逻辑、逻辑回归、人工神经网络等方法。选择一种适合铜绿山-铜山铜铁金矿床的预测方法是找矿预测的关键。其中,特征分析法在近年来被众多学者广泛应用于区域和矿区找矿预测中,取得了较好的效果(郑通科,2015;吴传军等,2015)。相比较于其他预测方法,特征分析法具有计算简单、易于理解等优点。因此,本次选择特征分析法进行铜绿山-铜山铜铁金矿床的三维找矿预测,并开展了方法预试验,可信度较高。

特征分析法是利用多变量的定性数据,找到定量表达多个对象普遍特征、重要特征的多变量统计预测方法。特征分析法的基本思想是:通过一定的数学方法从已知某一类型的矿床或矿体中找到该类型矿床或矿体的"特征",然后在未知区寻找具有这种"特征"的同类型矿床或矿体。利用特征分析法可以从地质、地球物理、地球化学等多元数据信息中筛选出找矿有利变量,再通过对变量进行合理的地质解译,从而能够有效地区分有利成矿区和不利成矿区,实现定位圈定找矿靶区。特征分析法由于结构清晰,成为目前使用广泛的信息综合找矿预测方法之一。利用特征分析法进行矿产资源预测和评价时,需要计算各预测变量的权系数值,定量分析找矿标志在指导找矿中的作用,利用特征分析法计算权系数的方法如下。

设有 m 个变量 $x_j(j=1,2,3,\cdots,m)$,n 个模型单元,第 j 个变量在第 i 个单元的取值为 $x_{ij}(i=1,2,3,\cdots,n;j=1,2,3,\cdots,m)$,原始数据矩阵 $\boldsymbol{X}$ 为:

$$\boldsymbol{X} = \begin{bmatrix} x_{11} & x_{12} & \cdots & x_{1m} \\ x_{21} & x_{22} & \cdots & x_{2m} \\ \vdots & \vdots & & \vdots \\ x_{n1} & x_{n2} & \cdots & x_{nm} \end{bmatrix} \quad (8-1)$$

对每个变量赋予适当的数值 $a_j(j=1,2,3,\cdots,m)$,a_j 为变量权系数,它反映了变量 j 的重要性。

(1) 根据原始数据矩阵计算匹配系数矩阵 $\boldsymbol{E}$：

$$\boldsymbol{E} = \boldsymbol{X}'\boldsymbol{X} = \begin{bmatrix} e_{11} & e_{12} & \cdots & e_{1m} \\ e_{21} & e_{22} & \cdots & e_{2m} \\ \vdots & \vdots & \vdots & \vdots \\ e_{n1} & e_{n2} & \cdots & e_{nm} \end{bmatrix} \qquad (8-2)$$

(2) 计算变量权系数 a_j 特征分析预测模型的实质是一组特征标志的加权线性组合,建立特征分析模型的关键是求解变量的权系数 a_j。本次采用的是矢量长度法,即利用平方和法来确定特征分析变量权系数。变量 k、j 之间的匹配系 r_{kj} 的计算公式为：

$$r_{kj} = \sum_{i=1}^{n} x_{ik} x_{ij} \quad (k,j = 1,2,3,\cdots,m) \qquad (8-3)$$

m 个变量两两之间的匹配系数构成的匹配矩阵 $\boldsymbol{R}$ 为：

$$\boldsymbol{R} = \boldsymbol{X}'\boldsymbol{X} = (r_{kj})_{m \times m} \qquad (8-4)$$

(3) 变量与所有其他变量的匹配系数构成了一个 m 维向量 $(r_{j1}, r_{j2}, \cdots, m)$,该向量的长度 a_j 对每个变量赋予适当的数值 $a_j (j=1,2,3,\cdots,m)$ 用于表征变量 j 的重要性,称之为权系数 a_j,公式为：

$$a_j = \frac{\sqrt{\sum_{j=1}^{m} r_{jk}^2}}{\sum_{j=1}^{m} \sqrt{\sum_{k=1}^{m} r_{jk}^2}} \quad (j=1,2,3,\cdots,m) \qquad (8-5)$$

a_j 反映了变量 j 与其他变量总的匹配程度,可作为变量 j 的权系数。

(4) 单元联系度反映了单元与一组模型单元的联系程度。一般认为,预测单元与模型单元联系程度越高,成矿有利度也越大,这样可以通过单元联系对单元的成矿有利程度作出评价。计算 m 个单元联系度 y_i (McCammon et al.,1983) 为：

$$y_i = a_1 x_{i1} + a_2 x_{i2} + \cdots + a_m x_{im} \quad (i=1,2,3,\cdots,n) \qquad (8-6)$$

三维找矿预测是在三维空间中开展地质体空间分析、成矿相关性以及地球物理、地球化学信息等集成,并圈出找矿靶区的过程,其目的是在矿床中预测未知矿体。在完成铜绿山-铜山铜铁金矿床矿体、地层、蚀变等三维地质实体建模以及地球物理、地球化学信息三维块体模型构建等基础;采用特征分析法进行矿床的三维找矿预测研究。为了直观定量地表达预测变量的有利成矿性,通常采用二态赋值方法来表达,基本方法是将每一种成矿信息都视为[0,1]二值预测变量,通常"1"表示对成矿有利的预测变量存在,"0"表示对成矿有利的预测变量不存在。预测变量二态赋值的临界值,通过已知矿体的出露情况与相应地学信息的统计的相关性来界定。每个预测变量对找矿预测的贡献按照预测变量存在与否(取值状态为"1"或"0")分别赋值相应的权系数值,最后综合所有二态预测变量,获得成矿有利度得分,得分越高表明含矿概率越大。在本次研究中,基于特征分析法圈定深部找矿靶区通过以下 4 个步骤实现(图 9-1)。

(1) 基于成矿规律研究,研究各预测要素与矿体之间的相关度,从地质意义上初步确定预测要素。

(2) 对预测要素进行筛选、优化,选择合适的预测要素作为预测变量。

(3) 将预测变量转化为离散化的二值化图像,通过统计与成矿之间的关联度,计算获得每种预测变量的权系数。

(4) 将权系数分别赋予不同的预测变量,对所有的预测变量进行逻辑运算,获得成矿有利度得分,选择合适的分数作为圈定找矿靶区的临界值,最后综合地质规律圈定深部找矿靶区。

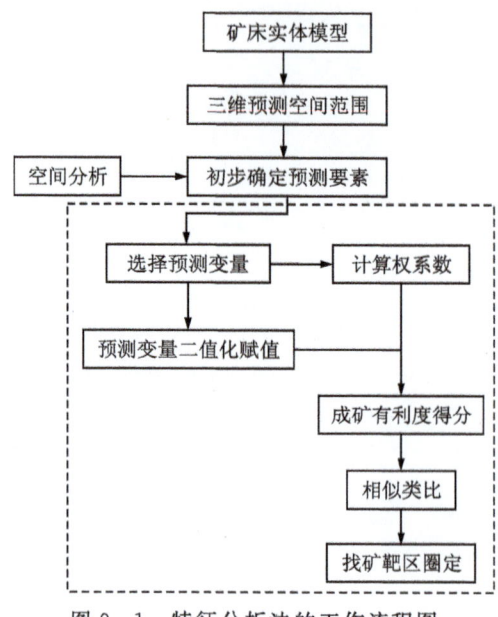

图 9-1 特征分析法的工作流程图

9.2 预测变量二值化赋值和权系数的确定

预测变量二值化就是通过一定的方法确定最佳阈值,将预测变量分为"对成矿不利"和"对成矿有利"两个部分,并分别赋予"0"值和"1"值。本次工作共选择了侵入接触面缓冲、蚀变缓冲、地球化学 F1 因子和重磁异常梯度带缓冲 4 个预测变量。

在本书第 5 章已构建过侵入接触面三维实体模型,本章在三维空间上对侵入接触面缓冲变量进行赋值。首先,需要在块体模型中新建侵入接触面缓冲属性,然后,利用实体模型的约束导出侵入接触面数据源;之后,再利用导出的数据源通过直接距离法进行空间范围内的估值;最后,本次经过多次反复对比分析,最终确定缓冲范围选择 50m 最能代表侵入接触面对矿体的控制。估值完成后侵入接触面 50m 范围内都进行了赋值,并将数值保存在侵入接触面缓冲属性中,部分块体经过多次计算数值大于 1。因此,需要利用直接赋值功能,在预测模型中将大于 1 的属性全部赋值为 1,至此侵入接触面缓冲 50m 范围内的所有块体都被赋值 1,其余块体都中都被赋值为 0。构建的侵入接触面缓冲 50m 块体模型如图 9-2 所示。

围岩蚀变缓冲变量的赋值方法与侵入接触面缓冲变量的赋值方法类似,同样也是通过"新建属性→构建数据源→直接距离法进行估值→缓冲范围内的块体赋值",最终实现围岩蚀

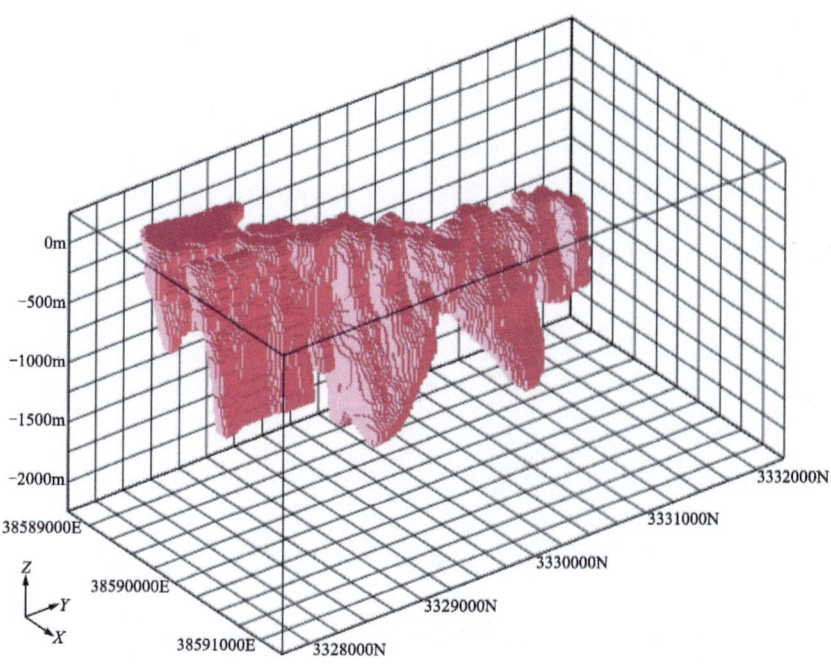

图 9-2　铜绿山-铜山矿床侵入接触面缓冲 50m 块体模型

变缓冲属性的赋值。其中,在利用直接距离法估值时,经过多次对比选择围岩蚀变 20m 范围内进行空间范围的估值,最能体现蚀变展布与矿体的关系。构建的围岩蚀变缓冲 20m 块体模型如图 9-3 所示。

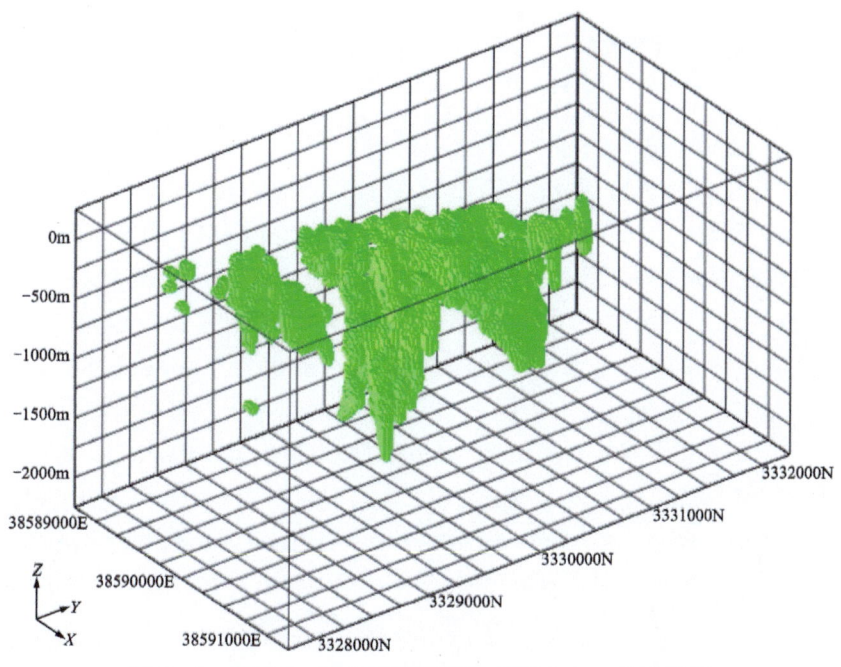

图 9-3　铜绿山-铜山矿床围岩蚀变缓冲 20m 块体模型

综合前文的研究,表明地球化学 F1 因子与矿体套合性最好,因此选择地球化学 F1 因子作为预测变量。之后需要对地球化学 F1 因子预测变量进行二值化赋值。赋值时首先在块体中新建 F1 因子二值属性,之后通过对块体模型建立约束来选择 F1 因子大于 0.1 的所有块体;然后利用建立的约束对 F1 因子二值属性进行赋值,将 F1 因子大于 0.1 的所有块体中的 F1 因子二值属性全部赋值为 1,其余块体中赋值为 0。构建的地球化学 F1 因子块体模型如图 9-4 所示。

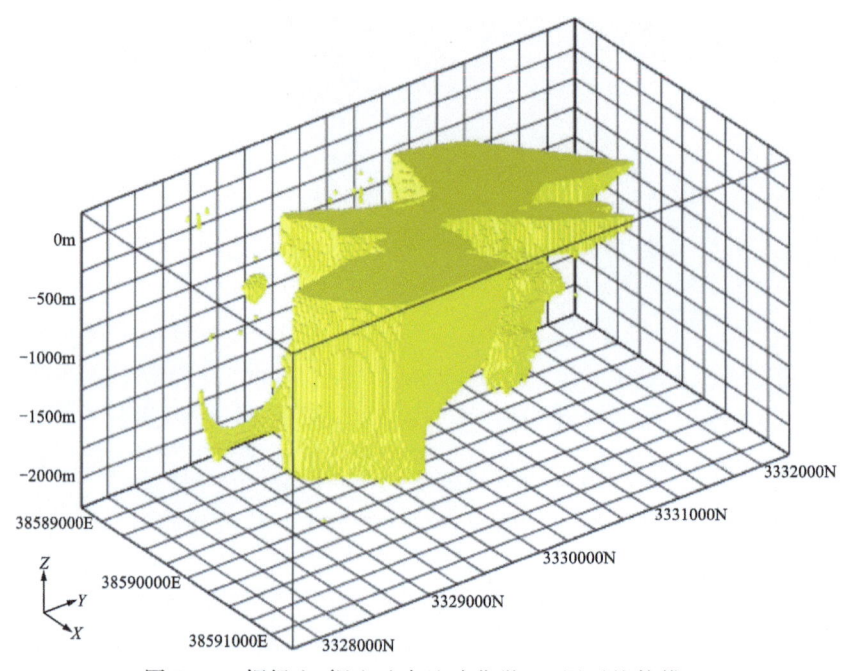

图 9-4 铜绿山-铜山矿床地球化学 F1 因子块体模型

根据前文研究,重磁异常梯度带缓冲与矿体之间套合性较好,以构建的重磁异常梯度带缓冲为基础,对其直接进行赋值,赋值结束后所有重磁异常梯度带缓冲范围内的块体均被赋值为 1,其余块体赋值为 0。构建的重磁异常梯度带缓冲块体模型如图 9-5 所示。

预测变量二值化赋值完成后,需要确定各个预测变量的权系数。这是特征分析法中很重要的一个环节,权系数大小是表征与其有关的成矿强弱的指标,权系数越大,该预测变量定义的预测因素在找矿过程中的作用越大。在铜绿山-铜山铜铁金矿床的三维找矿预测过程中,选取的预测变量有 4 个,分别为侵入接触面缓冲、围岩蚀变缓冲、地球化学 F1 因子以及重磁异常梯度带缓冲。在矿床的预测范围内,对每个预测变量进行二值化处理,即"1"代表模型单元中存在该信息图层,"0"则代表模型单元中未见该信息图层。利用 Surpac 软件的地质统计功能对各预测变量进行统计,研究区内的总块体数为 2 100 000 块,其中含矿单元有 14 515 块。对不同预测变量的块体数及含矿单元数进行了统计,并对其权系数进行了计算,结果如表 9-1 所示。

9 立体找矿预测及靶区圈定

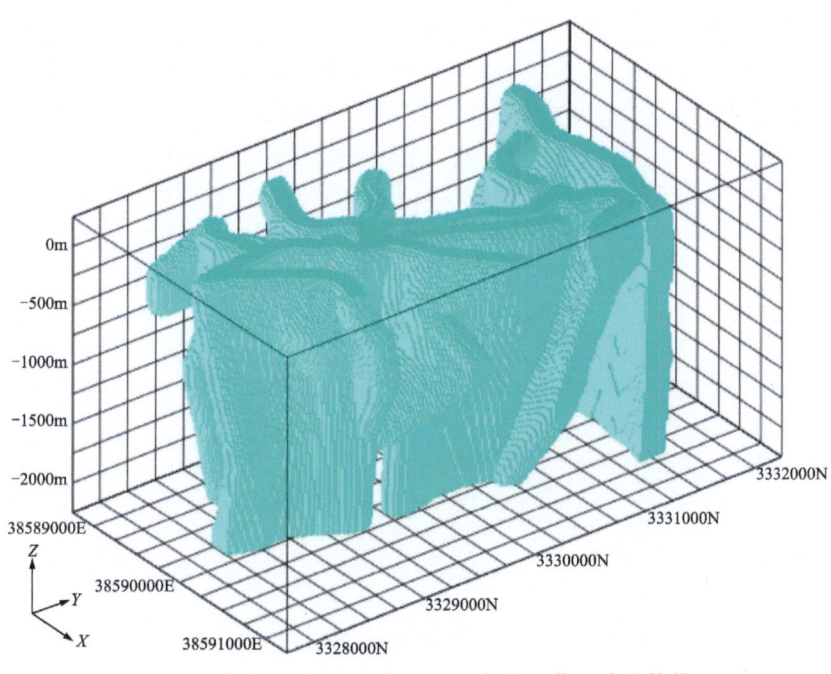

图 9-5　铜绿山-铜山矿床重磁异常梯度带缓冲块体模型

表 9-1　铜绿山-铜山铜铁金矿床预测变量权系数计算表

序号	预测变量名称	权系数
1	围岩蚀变缓冲	0.300 681
2	侵入接触面缓冲	0.273 272
3	地球化学 F1 因子	0.153 722
4	重磁异常梯度带缓冲	0.272 325

从表 9-1 的权系数计算结果可以看出，区内 4 个预测变量的权系数从大到小依次为围岩蚀变缓冲(0.300 681)、侵入接触面缓冲(0.273 272)、地球化学 F1 因子(0.153 722)以及重磁异常梯度带缓冲(0.272 325)。矽卡岩化是矽卡岩型矿床最重要的找矿标志之一，因此围岩蚀变缓冲预测变量具有最高的权系数值。侵入接触面作为矽卡岩型矿床重要的控矿因素，矿体主要赋存在侵入接触带周围，侵入接触面缓冲预测变量包含了超过 90% 的含矿单元，权系数值相对较高。地球化学 F1 因子是利用钻孔光谱数据空间插值获取的，由于数据空间分布的不均匀性，相较于前两者来说，其与矿体套合性一般，权系数相对较低。利用重磁数据提取的梯度带缓冲与矿体套合性较好，权系数也较高。

9.3　三维综合预测模型构建

根据研究区找矿地质模型及三维地质建模成果，利用特征分析法，针对各个预测变量，结合各控矿要素、成矿条件及找矿标志展开定性与定量分析，建立了铜绿山-铜山铜铁金矿床的三维综合预测模型。综合预测模型上的每个块体都有其对应的成矿有利度得分,得分越高表明含矿概率越大。在选取成矿有利度临界值时,充分考虑了地质因素。重点分析了矿体空间定位与地质-地球物理-地球化学预测要素的套合关系,经过反复试验并与实际地质情况对比,最终选取0.4作为成矿有利度的临界值。通过对临界值建立约束,从而获得了铜绿山-铜山铜铁金矿床三维综合信息预测模型(图9-6)。

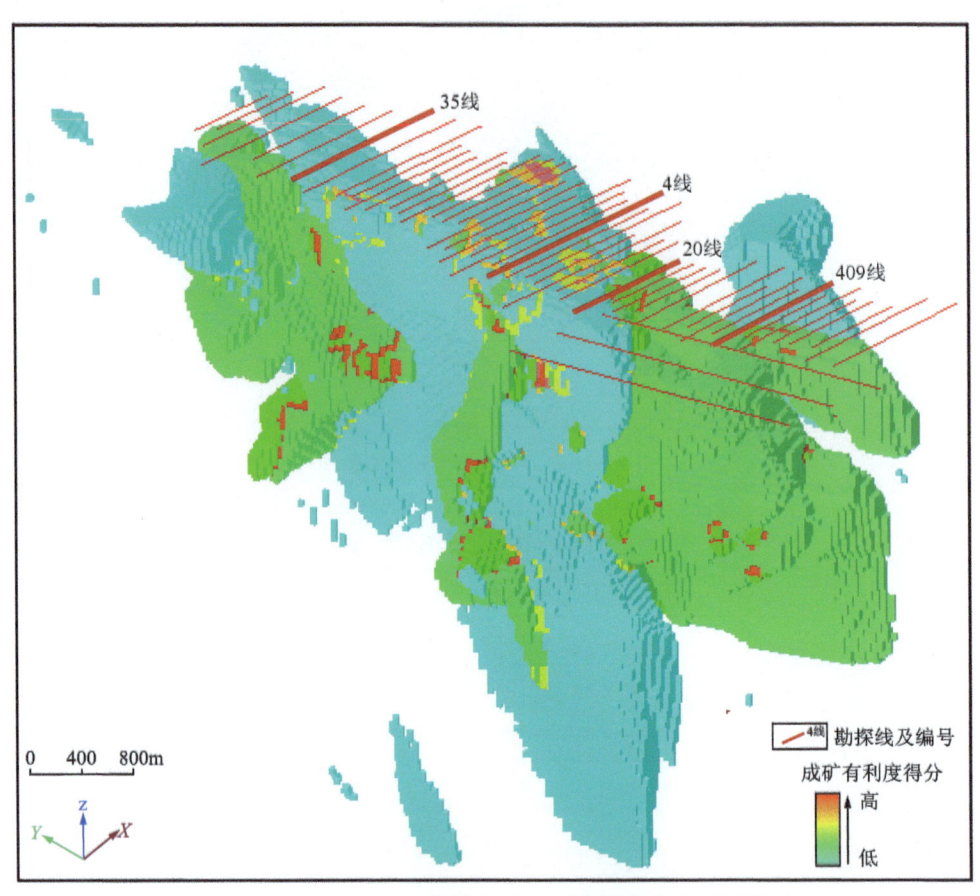

图9-6 铜绿山-铜山铜铁金矿床三维综合信息预测模型

9.4 靶区优选及勘查部署建议

三维预测模型是开展三维空间立体找矿靶区圈定及优选工作的基础,三维预测模型可以通过块体模型实现。本次三维预测块体模型的范围覆盖了整个铜绿山-铜山铜铁金矿床,模型深度为-2000~100m标高,共计由两百多万个单元块体构成。基于三维预测模型开展三维找矿预测工作,首先要确定在上述数量众多的单元块体中确定哪些是含矿概率较大的块体、哪些是含矿概率较小的块体。成矿有利度得分是块体中所有的预测变量得分的综合,可以用来表达单元内的含矿概率大小。得分越高,表明预测单元内的含矿可能性越大,发现矿体的概率就越大;反之,则相反。

9 立体找矿预测及靶区圈定

在利用三维预测模型进行找矿靶区圈定时,需考虑以下6个原则:①找矿预测工作必须建立在系统控矿因素与成矿规律研究的基础上进行,尤其需重点厘定矿体的成矿地质条件、空间定位及分布规律;②尤其要重视模型的初步预判与实际地质情况吻合程度;③按最小体积最大含矿率的原则,确定找矿靶区的轮廓;④靶区要尽量体现独立性的原则,即以矿区范围为规划预测单元;⑤以预测模型数据为基础;⑥尽量保持靶区形态的完整性。

基于上述原则,本次基于地质-地球物理-地球化学预测指标构建了铜绿山-铜山铜铁金矿床的三维综合预测模型,并结合地质规律,圈定深部找矿靶区4处(图9-7)。各个靶区的详细介绍如下。

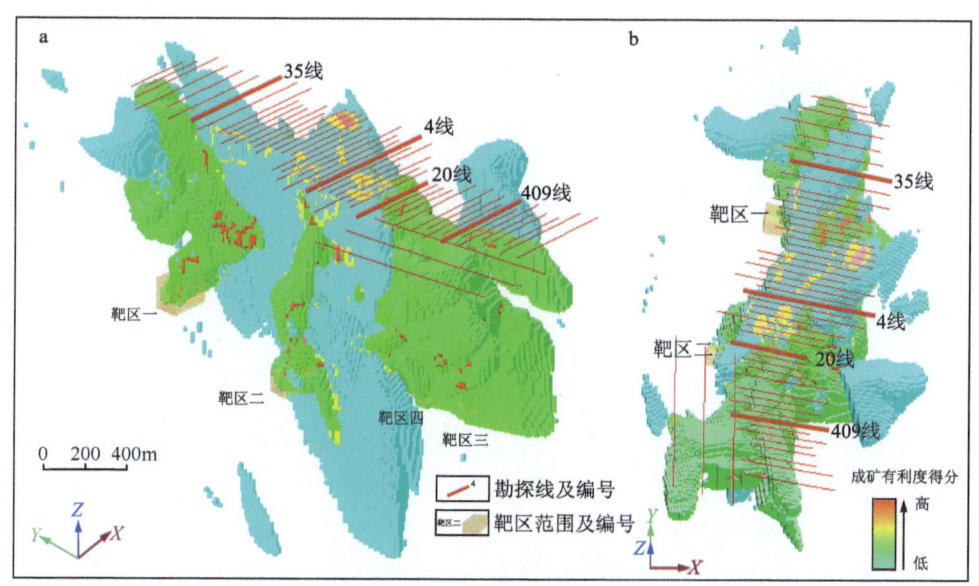

图9-7 铜绿山-铜山铜铁金矿床三维找矿靶区示意图
a.SE-NW向视角;b.XZ平面俯视图

9.4.1 靶区一

1. 靶区范围

靶区一位于铜绿山矿区35～39号勘探线背斜西翼,上接触带大约位于-400m标高,下接触带大约位于-1000m标高。

2. 预测依据

(1)地质构造:根据前人基础地质工作,在35号勘探线附近存在一个NWW向的次级背斜。从31～43号勘探线联合剖面图(图9-8)可以看出,在铜绿山矿区31～39号勘探线之间,背斜的东翼存在深部隐伏的Ⅳ号矿体,矿体埋深位于-1000～-600m之间,矿体受控于地层与岩体之间的接触带,矿体延伸稳定。但是在背斜的西翼,自31号勘探线向北,地层尚未封闭,且没有深部钻孔揭露地层深部位置,对于地层和岩体的接触带位置尚不清楚。对35号勘探线和39号勘探线西翼接触带的位置进行推测,认为西翼接触带与东翼接触带所处标高相近。

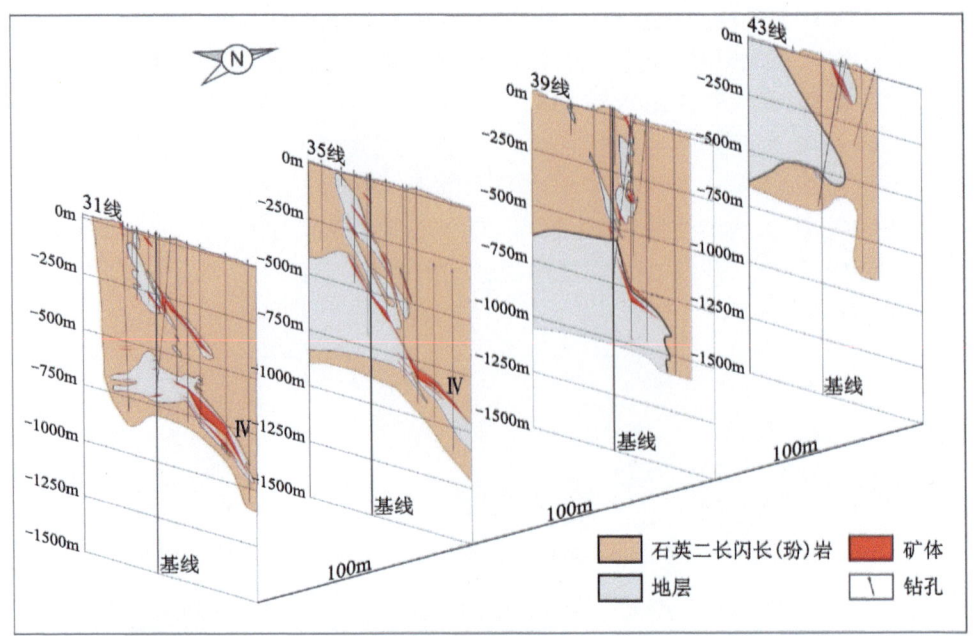

图9-8 铜绿山矿区31~43号勘探线联合剖面图(引自湖北省地质局第一地质大队内部资料)

(2)矿化蚀变:根据背斜东翼的揭露情况及相邻勘探线地质体分布情况,对35号勘探线和39号勘探线背斜西翼的地层及蚀变进行了外推,认为此处存在矿化蚀变带。

(3)化探异常:未存在F1因子预测变量。

(4)重磁异常:存在重磁异常梯度带缓冲。

(5)综合评价:靶区一内包含多个预测要素,包括侵入接触面缓冲、围岩蚀变缓冲以及重磁异常梯度带缓冲,在预测模型上处于黄色块体到红色块体的过渡区域,为成矿有利度得分高值区,属于成矿有利地段。根据对背斜西翼上、下接触带位置的推断及预测模型切面图显示(图9-9),上接触带可能位于-400m标高附近,下接触带可能位于-1000m标高附近。

9.4.2 靶区二

1. 靶区范围

靶区二位于铜绿山矿区4号勘探线附近,上接触带大约位于-750m标高,下接触带大约位于-1000m标高。

2. 预测依据

(1)地质构造:铜绿山背斜西翼的Ⅻ号矿体与东翼的Ⅷ号相连接,呈"∧"字形。铜绿山矿区的矿体倾向延深一般大于矿体走向延长,目前在铜绿山矿区4号勘探线的深部已发现Ⅷ和Ⅻ号矿体,其中东翼的Ⅷ号矿体在倾向和深度上均大于西翼的Ⅻ号矿体。自铜绿山矿区4~8号勘探线(图9-10),背斜西翼接触带的深度不断加深,矿体的埋深也不断加大,Ⅻ号矿体在8号勘探线沿倾向方向延深370m左右,而在4号勘探线沿倾向方向仅延深了

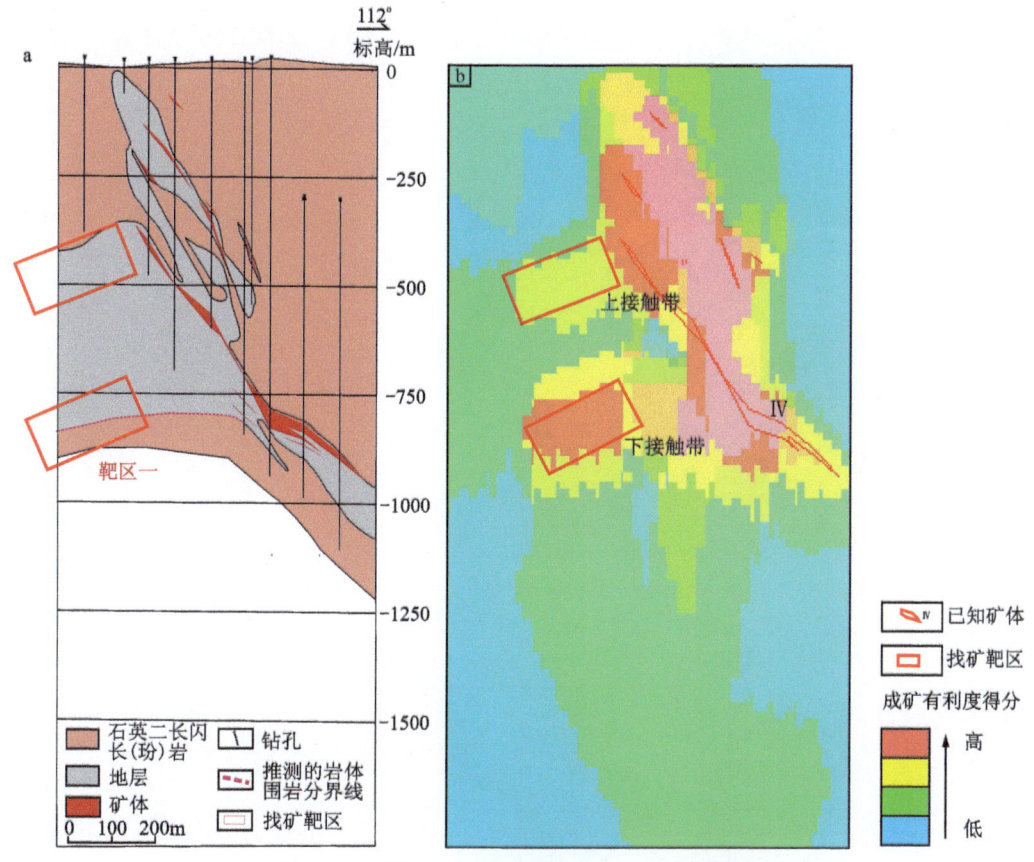

图 9-9 靶区一 35 号勘探线预测模型切面图

a.铜绿山矿区 35 号勘探线地质剖面图；b.铜绿山矿区 35 号勘探线预测模型切面图

210m。因此，在背斜西翼沿ⅩⅣ号矿体倾向方向仍有较大找矿空间。

（2）矿化蚀变：根据 8 号勘探线揭露的背斜西翼接触带位置，对 4 号勘探线接触带及蚀变向西进行了推测，认为此处存在矿化蚀变。

（3）化探异常：F1 因子在 4 号勘探线附近为高值区。

（4）重磁异常：存在重磁异常梯度带缓冲。

（5）综合评价：靶区二内包含所有的预测要素，包括侵入接触面缓冲、围岩蚀变缓冲、地球化学 F1 因子以及重磁异常梯度带缓冲，在预测模型上处于红色块体区域，属于成矿有利地段。根据对 4 号勘探线背斜西翼上、下接触带位置的外推及预测模型切面显示（图 9-11），上接触带可能位于 -750m 标高附近，下接触带可能位于 -1000m 标高附近。综合信息预测模型显示，矿区深部可能存在第三找矿空间，标高为 $-1800 \sim -1500$m。目前，对 4 号勘探线已进行靶区已验证，在"9.5 靶区验证情况"部分进行详细叙述。

9.4.3 靶区三

1.靶区范围

靶区三位于位于铜山矿区 409～411 号勘探线之间，标高为 $-1200 \sim -1000$m。

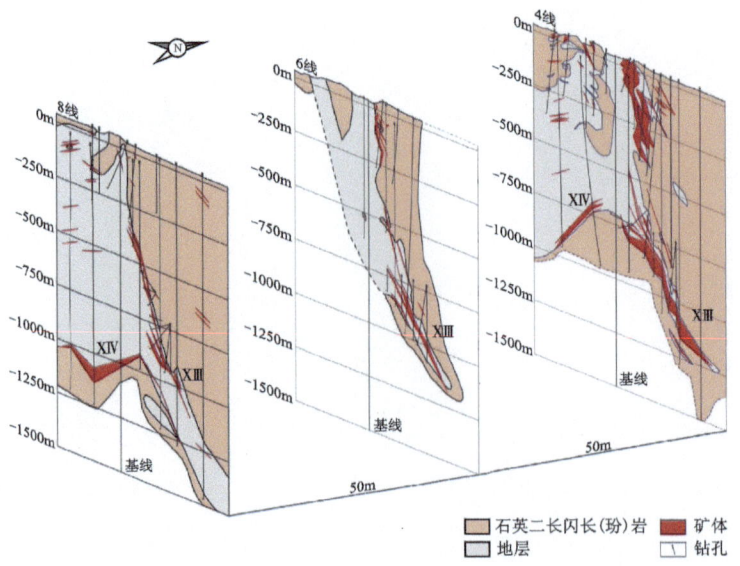

图 9-10 铜绿山矿区 4～8 号勘探线联合剖面图（引自湖北省地质局第一地质大队内部资料）

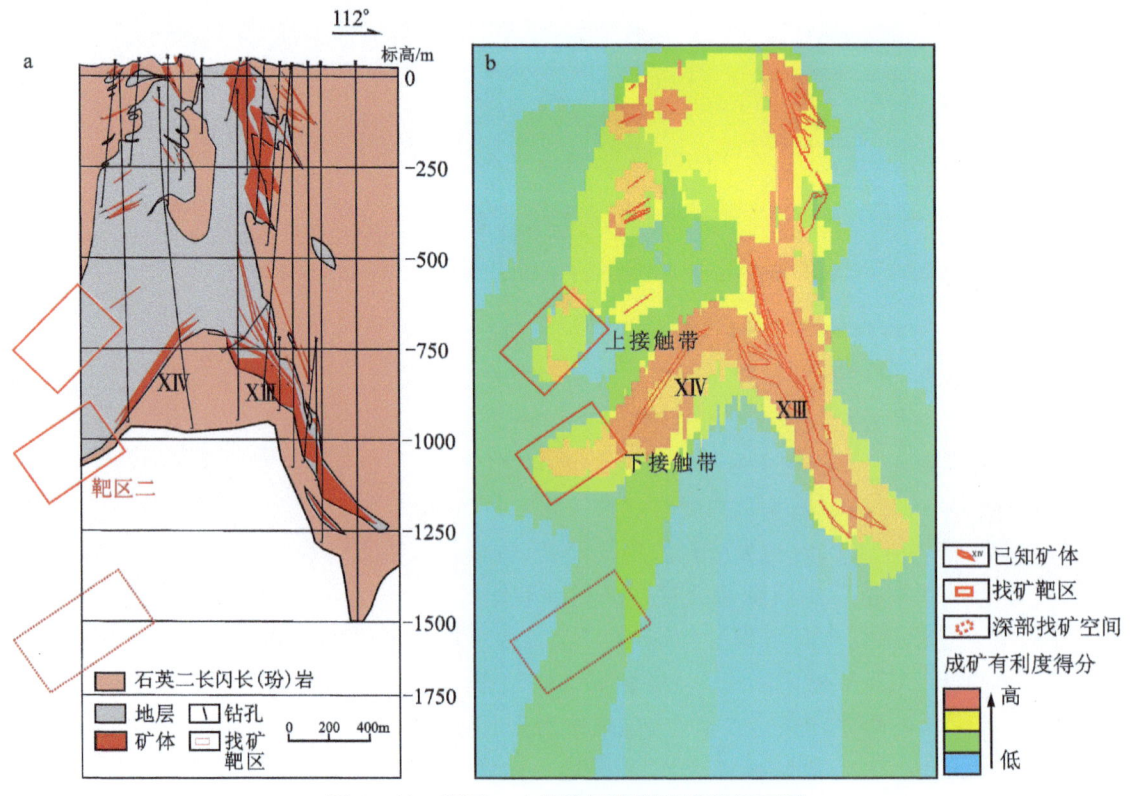

图 9-11 靶区二 4 号勘探线预测模型切面图

a.铜绿山矿区 4 号勘探线地质剖面图；b.铜绿山矿区 4 号勘探线预测模型切面图

2.预测依据

(1)地质构造:根据前人的研究,铜绿山岩株由深部 SE 向向浅部 NW 向超覆侵位,目前铜山矿区揭露的矿体均位于浅部接触带附近。从 401~409 号勘探线联合剖面图(图 9-12)可以看出,铜山矿区的平均工程控制标高约为-800m,接触带向深部稳定延伸,但向下延伸深度尚无工程控制。对比铜绿山矿区深部接触带位置及附近金卢矿区岩体位置,对 409 号勘探线和 411 号勘探线的深部接触带位置进行外推,认为铜山矿区的深部接触带可能整体偏向 SE 向。

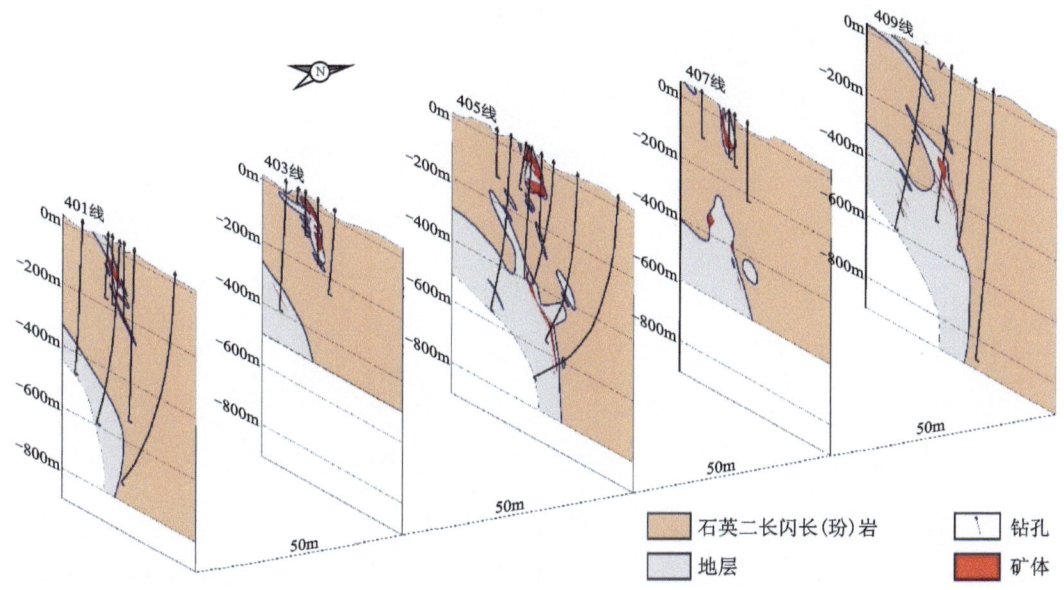

图 9-12　铜山矿区 401~409 号勘探线联合剖面图(引自湖北省地质局第一地质大队内部资料)

(2)矿化蚀变:由于铜山地区工程控制程度低,对浅部的矿化蚀变向深部进行了外推。
(3)化探异常:未存在 F1 因子预测变量。
(4)重磁异常:存在重磁异常梯度带缓冲。
(5)综合评价:靶区三内包含侵入接触面缓冲与重磁异常梯度带缓冲两个预测变量。对本次构建的综合预测模型在铜山矿区 409 号勘探线进行切面处理(图 9-13),可以看出浅部402 号矿体全部位于成矿有利度得分高值区,向深部由于地质信息的缺少,得分逐渐降低,但仍呈现黄色,有一定的找矿潜力,预测靶区位于-1200~-1000m 标高范围内。

9.4.4　靶区四

1.靶区范围

靶区四位于铜山矿区 421 号勘探线至铜绿山矿区 20 号勘探线之间,标高为-1200~-1000m。

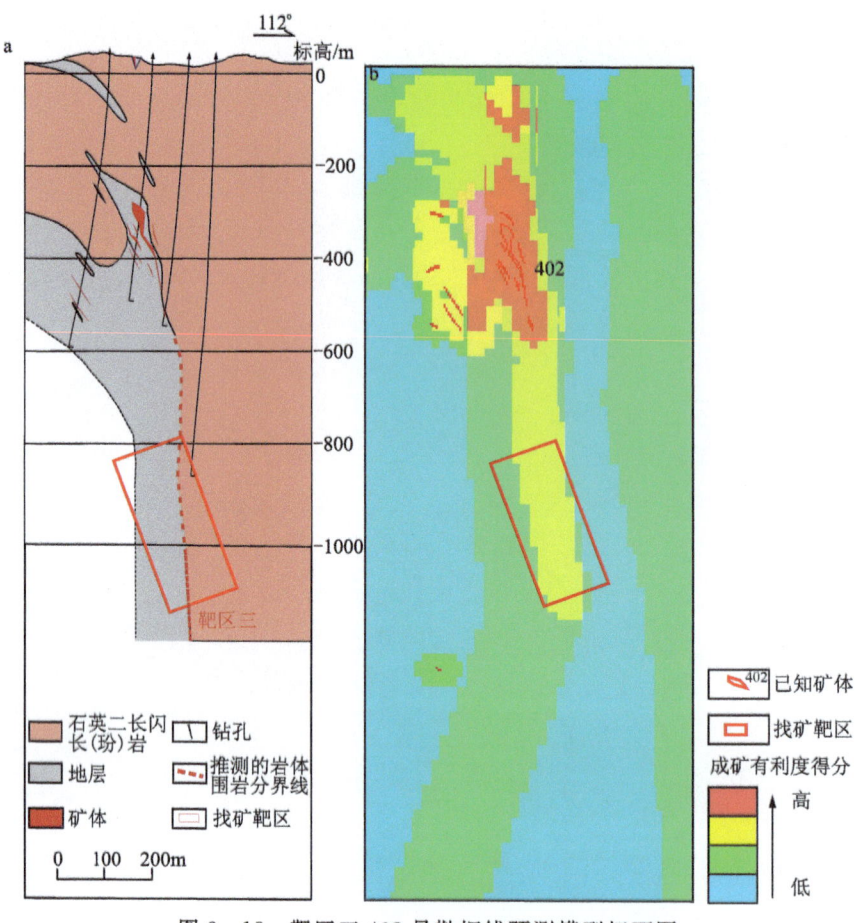

图 9-13 靶区三 409 号勘探线预测模型切面图

a.铜山矿区 409 号勘探线地质剖面图;b.铜山矿区 409 号勘探线预测模型切面图

2.预测依据

(1)地质构造:铜山矿区 402 号矿体群位于大冶组地层与超覆岩体的上接触带附近。已施工的钻探工程显示(图 9-14),上接触带位置并未被完全揭露,在深部仍有向下延伸的趋势。根据目前已揭露到的接触带产状可以看出,铜山矿区的深部接触带整体可能仍偏向 SE 向。在铜绿山矿区 4 号勘探线近地表的浅部上接触带发现了Ⅺ号矿体,其沿上接触带向深部延伸,在Ⅺ号矿体的深部发现了隐伏的Ⅷ号矿体。目前,421 号勘探线浅部发现的 402 号矿体主要位于－800m 以浅,而Ⅷ号矿体的主体位于－1200～－800m 之间,因此 421 号勘探线沿上接触带向深部具有找矿潜力,目的在于寻找与Ⅷ号矿体类似的新矿体。根据铜山矿区整体接触带产状,对 421～20 号勘探线之间的接触带向深部进行了外推。

(2)矿化蚀变:由于靶区位置较深,目前已揭露的蚀变均位于浅部,此处无外推的围岩蚀变。

(3)化探异常:F1 因子在此处属于高值区。

(4)重磁异常:存在重磁异常梯度带缓冲。

(5)综合评价:靶区四内包含多个预测要素,包括侵入接触面缓冲、地球化学 F1 因子以及重磁异常梯度带缓冲,在预测模型上处于黄色块体到红色块体的梯度区域,为成矿有利度得分高值区,属于找矿有利地段。对本次构建的综合预测模型在铜绿山20号勘探线进行切面处理(图9-15),预测靶区位置位于-1200~-1000m标高范围内。

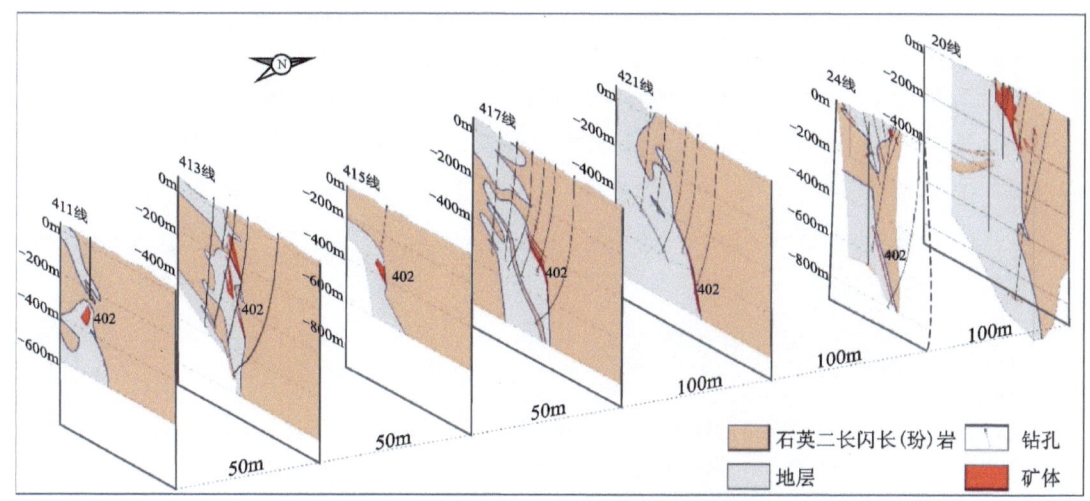

图9-14　铜山矿区411号勘探线至铜绿山矿区20号勘探线联合剖面图
(引自湖北省地质局第一地质大队内部资料)

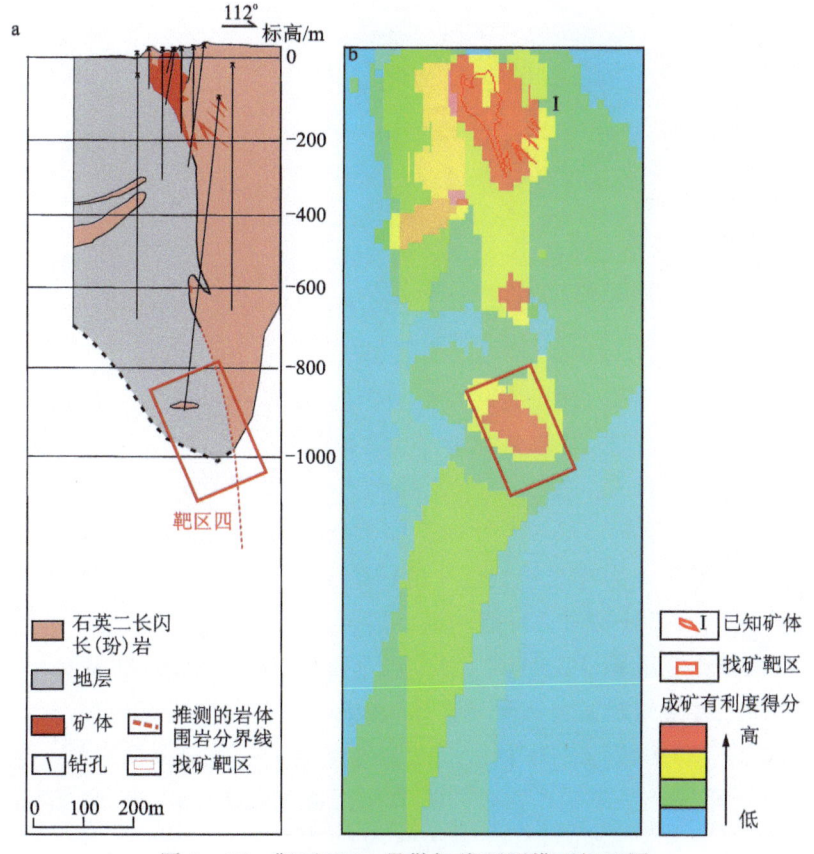

图9-15　靶区四20号勘探线预测模型切面图
a:铜绿山矿区20号勘探线地质剖面图;b:铜绿山矿区20号勘探线预测模型切面图

9.5 靶区验证情况

深部地质体 2020 年湖北省地质局第一地质大队在铜绿山矿区(靶区二)4 号勘探线附近部署了 ZK409 钻孔(图 9-16),对地层结构进行了揭露,显示岩性分层主要为:0~757.06m石英二长闪长玢岩,757.06~1 049.00m 大理岩,1 049.00~1 107.20m 石英二长闪长玢岩,在石英二长闪长玢岩与大理岩上、下接触带累计见铜铁金矿体 33.9m。同时,三维综合信息预测模型显示,在铜绿山矿区深部-1800~-1500m 可能存在第三找矿空间。

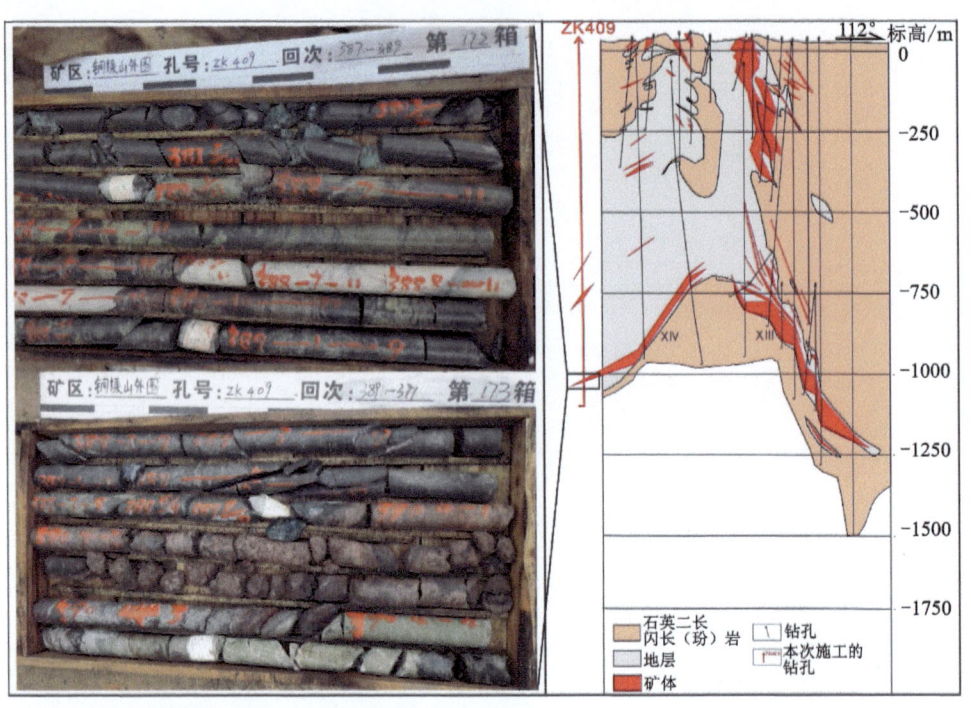

图 9-16 铜绿山矿区 4 号勘探线靶区验证图(引自湖北省地质局第一地质大队内部资料)

2021 年,湖北省地质局第一地质大队在铜山矿区(靶区三)409 号勘探线施工了 ZK40910 钻孔。钻孔在浅部共见矿 3 层,累计见矿厚度为 12.76m。ZK40910 钻孔对铜山矿区的深部找矿工作具有重要的指示意义。在垂向上,上接触带浅部矿体位于-600m 标高以浅,向深部上接触带可能整体偏向 SE 向。ZK40910 在孔深 1392m(标高-1360m)附近见闪长岩岩脉及铜矿化体(图 9-17),岩脉与大理岩接触部位揭露矿体厚度为 0.70m,Cu 品位 0.85%,推测下接触带应该存在延伸,但所处的位置可能较深,是后续找矿的重点地段之一。

本次找矿靶区钻探工程验证,不仅扩大了 XIV 号矿体规模;同时,在铜绿山背斜西翼大理岩残留体与岩体的上接触带新发现 XV 号矿体;在铜山矿区外围浅部岩体与大理岩接触带及大理岩层间圈定铜Ⅰ、铜Ⅱ、铜Ⅲ号矿体。湖北省地质局第一地质大队采用一般工业指标,对区内新发现矿体进行了圈定,并估算了矿产资源量。截至 2021 年 6 月底,铜绿山-铜山矿床新增矿产资源量:铜矿石(含铜铁矿石)量为 114.5 万 t,铜金属量为 8750t,Cu 平均品位

0.76%；铁矿石(含铜铁矿石)量为106万t，TFe平均品位34.87%；伴生金金属量为601kg，Au平均品位0.51g/t；伴生银金属量为10t，Au平均品位9.08g/t。

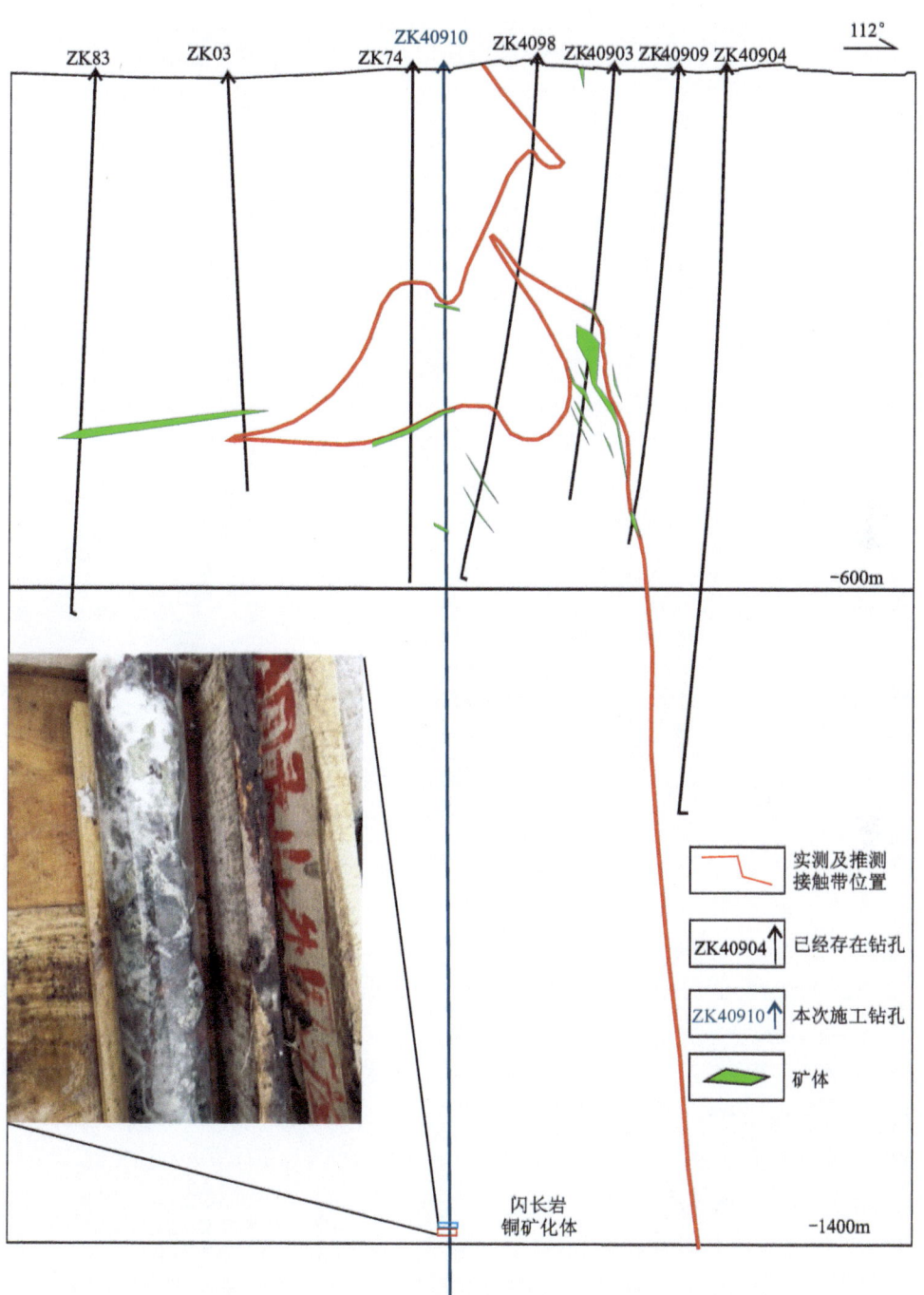

图9-17 铜山矿区409号勘探线矿体剖面图及ZK40910钻孔见矿情况

10 成果认识与存在问题

10.1 认识与成果

本书选取鄂东南矿集区铜绿山-铜山铜铁金矿床作为研究对象,针对该矿床深部找矿问题,在深入分析区域地质特征、矿床成因特征、成矿构造背景等基础上,开展了基于三维建模软平台的三维可视化研究,并圈定了具体深部找矿靶区,取得了以下几方面的认识。

(1)铜绿山-铜山矿床地质数据库:系统地收集了研究区的基础地质、矿产勘查、科研等方面的数据与资料。其中,建模基础数据包括1:2000地形地质图、原始地形数据、57个钻孔资料、56张勘探线剖面图以及18张中段平面图等,对这些资料进行了整理与分析,创建了铜绿山-铜山铜铁金矿床地质数据库,实现了对矿区数据的动态化管理,为三维模型的建立提供了基础。

(2)铜绿山-铜山矿床三维实体模型:依托建立的铜绿山-铜山铜铁金矿床地质数据库,利用Surpac软件构建了该矿床三维地质模型,包括表面模型和实体模型。其中,表面模型为研究区地表模型,实体模型包括侵入接触面模型、矿体模型、地层模型、围岩蚀变模型及岩体模型。这些三维模型直观反映了各地质体的形态以及与矿体在三维空间中的关系,矿体主要位于褶皱-断裂-接触带的复合构造位置,特别是NNE向与NE向两组构造交会部位复合有接触带时,有利于厚大矿体的形成。

(3)铜绿山-铜山矿床的三维块体模型:以钻孔的光谱分析数据为基础,利用Au、Ag、Cu、Pb、Zn、W、Mo共7种元素进行因子分析,提取了F1、F2、F3地球化学因子,构建了三维地球化学模型。以研究区内1:1万重磁数据为基础,通过小波分析、Theta图法等一系列数据处理,对重磁异常梯度带进行了提取并进行了缓冲分析,构建了三维地球物理模型。

(4)铜绿山-铜山矿床三维预测模型与找矿预测:综合地质-地球化学-地球物理预测指标,运用特征分析法构建了三维综合预测模型,选择了侵入接触面缓冲、围岩蚀变缓冲、地球化学F1因子和重磁异常梯度带缓冲4个预测变量。综合三维预测模型及成矿规律在深部圈定了4处找矿靶区。目前,靶区二和靶区三均已进行工程验证,靶区二内施工了ZK409钻孔,该孔在−1 049.00~−757.06m标高范围内揭露出大理岩,其余部分均为岩体,在岩体与大理岩的上、下接触带累计见铜铁金矿体33.9m。靶区三内布设了ZK40910钻孔,一共揭露出3层铜矿体,累计厚度达12.76m。

(5)铜绿山矿区深部第三找矿空间：三维综合信息预测模型显示，在铜绿山矿区深部存在多元有利找矿信息，结合地质规律推测深部存在第三找矿空间，标高位于$-1800\sim-1500$m。从找矿历程来看，20世纪50—80年代对-700m以浅矿体进行了勘探，1994—2017年找矿在$-1200\sim-600$m发现了厚大的XIII号矿体，将找矿深度拓展至-1200m，在铜绿山背斜西翼1000m以浅发现了XIV号矿体，本次研究提出铜绿山深部找矿应该进一步拓展找矿空间，开启深部找矿新篇章。

10.2 主要存在问题

本次研究针对铜绿山-铜山铜铁金矿床开展了三维可视化研究，构建了三维地质模型及三维综合预测模型，圈定了三维空间找矿靶区并经过了验证。但在研究过程中仍存在一些问题和不足，主要包括以下方面。

(1)地层模型未详细划分。铜绿山-铜山铜铁金矿床的地层主要为嘉陵江组和大冶组碳酸盐岩，其中嘉陵江组地层可分为3个岩性段，大冶组地层在矿床内出露了2个岩性段。本次构建地层模型的数据源主要是勘探线剖面数据，但是由于多数剖面地层之间的界线不清楚，因此未能将地层划分到组。

(2)有光谱数据的钻孔数量较少。在铜绿山矿区总共有400多个钻孔，但开展过光谱测试的孔较少，本次只收集到了57个钻孔数据，另外由于不同钻孔的光谱数据测试时间不同，不同钻孔测试的元素不完全相同，可以利用的元素种类较少，未能构建出完整的元素分带性。

参考文献

常印佛,刘湘培,吴言昌,1991.长江中下游铜铁成矿床[M].北京:地质出版社.

陈建平,陈勇,曾敏,等,2008.基于数字矿床模型的新疆可可托海 3 号脉三维定位定量研究[J].地质通报,27(4):552-559.

陈建平,于淼,于萍萍,等,2014.重点成矿带大中比例尺三维地质建模方法与实践[J].地质学报,88(6):1187-1195.

邓明国,2005.个旧矿区芦塘坝 10 号矿群矿床模型研究[D].昆明:昆明理工大学.

丁丽雪,黄圭成,夏金龙,2016.鄂东南地区阳新复式岩体成因:LA-ICP-MS 锆石 U-Pb 年龄及 Hf 同位素证据[J].高校地质学报,22(3):43-458.

丁丽雪,黄圭成,夏金龙,2017.鄂东南地区殷祖岩体的成因及其地质意义:年代学、地球化学和 Sr-Nd-Hf 同位素证据[J].地质学报,91(2):362-383.

段登飞,2019.鄂东南阳新岩体周缘矽卡岩型铜多金属矿床地质特征及矿床成因[D].武汉:中国地质大学(武汉).

湖北省地质调查院,2021.中国区域地质志·湖北卷[M].北京:地质出版社.

黄圭成,夏金龙,丁丽雪,等,2013.鄂东南地区铜绿山岩体的侵入期次和物源:锆石 U-Pb 年龄和 Hf 同位素证据[J].中国地质,40(5):1392-1408.

蒋少涌,段登飞,徐耀明,等,2019.长江中下游地区鄂东南和九瑞矿集区成矿岩体特征及其识别标志[J].岩石学报,35(12):3609-3628.

瞿泓滢,王浩琳,裴荣富,等,2012.鄂东南地区与铁山和金山店铁矿有关的花岗质岩体锆石 LA-ICP-MS 年龄和 Hf 同位素组成及其地质意义[J].岩石学报,28(1):147-165.

李青元,张洛宜,曹代勇,等,2016.三维地质建模的用途、现状、问题、趋势与建议[J].地质与勘探,52(4):759-767.

李瑞玲,朱乔乔,侯可军,等,2012.长江中下游金牛盆地花岗斑岩和流纹斑岩的锆石 U-Pb 年龄、Hf 同位素组成及其地质意义[J].岩石学报,28(10):3347-3360.

李晓晖,袁峰,张明明,等,2016.姚家岭锌金多金属矿床围岩蚀变三维空间定量分析研究[J].岩石学报,32(2):390-398.

刘畅,陈建平,张权平,2019.山西浑源张旺地区金多金属矿体三维找矿预测与评价[J].地质学刊,43(3):400-407.

刘继顺,马光,舒广龙,2005.湖北铜绿山矽卡岩型铜铁矿床中隐爆角砾岩型金(铜)矿体的发现及其找矿前景[J].矿床地质,24(5):527-536.

刘少华,肖克炎,王新海,2010.地质三维属性建模及其可视化[J].地质通报,29(10):

1554-1557.

罗智勇,杨武年,2008.基于钻孔数据的三维地质建模与可视化研究[J].测绘科学,33(2):130-132.

马光,2005.鄂东南铜绿山铜铁金矿床地质特征、成因模式及找矿方向[D].长沙:中南大学.

毛景文,邵拥军,谢桂青,等,2009.长江中下游成矿带铜陵矿集区铜多金属矿床模型[J].矿床地质,28(2):109-119.

毛先成,邹艳红,陈进,等,2010.危机矿山深部、边部隐伏矿体的三维可视化预测:以安徽铜陵凤凰山矿田为例[J].地质通报,29(Z1):401-413.

明镜,2012.基于钻孔的三维地质模型快速构建及更新[J].地理与地理信息科学,28(5):55-59,113.

舒全安,陈培良,程建荣,等,1992.鄂东铁铜矿产地质[M].北京:冶金工业出版社.

孙立强,凌洪飞,赵葵东,等,2017.华夏地块早白垩世埃达克质岩的岩石成因及地质意义[J].中国科学:地球科学,47(7):783-803.

滕吉文,2009.中国地球深部物理学和动力学研究16大重要论点、论据与科学导向[J].地球物理学进展,24(3):801-829.

汪洋,邓晋福,姬广义,2004.长江中下游地区早白垩世埃达克质岩的大地构造背景及其成矿意义[J].岩石学报,20(2):297-314.

王丽梅,陈建平,唐菊兴,2010.基于数字矿床模型的西藏玉龙斑岩型铜矿三维定位定量预测[J].地质通报,29(4):565-570.

王敏芳,尚晓雨,魏克涛,等,2019.鄂东南矿集区铜绿山矽卡岩型铜铁金矿床元素地球化学特征及其地质意义[J].地球科学与环境学报,41(4):431-444.

王彦博,2012.湖北铜绿山铜铁矿床地球化学特征与矿床成因[D].北京:中国地质大学(北京).

吴传军,许德如,周迎春,等,2015.基于特征分析法的琼南矽卡岩型矿床找矿预测研究[J].大地构造与成矿学,39(3):528-541.

武强,徐华,2004.三维地质建模与可视化方法研究[J].中国科学(D辑:地球科学),30(1):54-60.

夏金龙,黄圭成,丁丽雪,2017.鄂东南地区何锡铺岩体锆石U-Pb定年、岩浆源区及其地质意义[J].地质科技情报,36(6):104-112.

肖克炎,李楠,孙莉,等,2012.基于三维信息技术大比例尺三维立体矿产预测方法及途径[J].地质学刊,36(3):229-236.

谢桂青,毛景文,李瑞玲,等,2006.长江中下游鄂东南地区大寺组火山岩SHRIMP定年及其意义[J].科学通报,51(19):2283-2291.

谢桂青,赵海杰,赵财胜,等,2009.鄂东南铜绿山矿田矽卡岩型铜铁金矿床的辉钼矿Re-Os同位素年龄及其地质意义[J].矿床地质,28(3):227-239.

徐玮,胡清乐,魏克涛,等,2010.铜绿山矿田控矿条件、成矿规律及靶区验证[J].资源环境工程,24(S2):1-4.

薛林福,李文庆,张伟,等,2014.分块区域三维地质建模方法[J].吉林大学学报(地球科学版),44(6):2051-2058.

姚磊,谢桂青,吕志成,等,2013.鄂东南程潮铁矿床花岗质岩和闪长岩的岩体时代、成因及地质意义:锆石年龄、地球化学和 Hf 同位素新证据[J].吉林大学学报(地球科学版),43(5):1393-1422.

余元昌,李刚,肖国荃,等,1985.湖北省大冶县铜绿山接触交代铜铁矿床[R].大冶:湖北省鄂东南地质大队.

翟裕生,邓军,王建平,等,2004.深部找矿研究问题[J].矿床地质,21(2):142-149.

翟裕生,姚书振,林新多,1992.长江中下游地区铁铜矿床[M].北京:地质出版社.

张旗,金惟俊,熊小林,等,2009.中国不同时代 O 型埃达克岩的特征及其意义[J].大地构造与成矿学,33(3):432-447.

张世涛,陈华勇,韩金生,等,2018.鄂东南铜绿山大型铜铁金矿床成矿岩体年代学、地球化学特征及成矿意义[J].地球化学,47(3):240-256.

赵海杰,2010.湖北铜绿山夕卡岩型铜铁矿床地球化学及成矿机制[D].北京:中国地质科学院.

赵海杰,毛景文,向君峰,等,2010.湖北铜绿山矿床石英闪长岩的矿物学及 Sr-Nd-Pb 同位素特征[J].岩石学报,26(3):768-784.

赵海杰,谢桂青,魏克涛,等,2012.湖北大冶铜绿山铜铁矿床夕卡岩矿物学及碳氧硫同位素特征[J].地质论评,58(2):379-395.

赵鹏大,2007.成矿定量预测与深部找矿[J].地学前缘,14(5):1-10.

郑通科,2015.基于特征分析法的杨庄铁矿床隐伏矿体三维找矿预测研究[D].合肥:合肥工业大学.

ATHERTON M P, PETFORD N, 1993. Generation of sodium-rich magmas from newly underplated basaltic crust[J]. Nature, 362(6416):144-146

BALLARD J R, MICHAEL P, CAMPBELL H I, 2002. Relative oxidation states of magmas inferred from Ce(IV)/Ce(III) in zircon: application to porphyry copper deposits of northern Chile[J]. Contributions to Mineralogy, Petrology, 144:347-364.

BOYNTON W V, 1984. Cosmochemistry of the rare earth elements: meteorite studies [J]. Developments in Geochemistry, 2:63-114.

CENGIZ O, SENER E, YAGMURLU F, 2006. A satellite image approach to the study of lineaments, circular structures and regional geology in the Golcuk Crater district and its environs (Isparta, SW Turkey)[J]. Journal of Asian Earth Sciences, 27(2):155-163.

CHEN J P, SHI R, CHEN Z P, et al., 2012. 3D positional and quantitative prediction of the Xiaoqinling gold ore belt in Tongguan, Shaanxi, China[J]. Acta Geologica Sinica English Edition, 86(3):653-660.

DEFANT M J, DRUMMOND M S, 1990. Derivation of some modern arc magmas by melting of young subducted lithosphere[J]. Nature, 347(6294):662-665.

DUAN D F, JIANG S Y, 2017. In-situ major and trace element analysis of amphiboles in quartz monzodiorite porphyry from the Tonglvshan Cu – Fe (Au) deposit, Hubei Province, China: insights into magma evolution and related mineralization[J]. Contributions to Mineralogy and Petrology, 172(5): 1 – 17.

GAO S, RUDNICK R L, YUAN H L, et al., 2004. Recycling lower continental crust in the North China craton[J]. Nature, 432(7019): 892 – 897

HOULDING S W, 1994. 3D geoscientific modeling – computer technique for geological characterization[M]. Berlin: Springer – Verlag.

HOULDING S W, 2000. Practical geostatistics modeling and spatial analysis[M]. New York & Heidelburg: Springer – Verlag.

HOWARD A S, HATTON B, REITSAMA F, et al., 2009. Developing a geoscience knowledge framework for a national geological survey organisation[J]. Computers & Geosciences, 35(4): 820 – 835.

HU J, JIANG S Y, ZHAO H X, et al., 2012. Geochemistry and petrogenesis of the Huashan granites and their implications for the Mesozoic tectonic settings in the Xiaoqinling gold mineralization belt, NW China[J]. Journal of Asian Earth Sciences, 56: 276 – 289.

JESSELL M, 2001. Three – dimensional geological modelling of potential – field data[J]. Computers & Geosciences, 27(4): 455 – 465.

KELEMEN P B, 1995. Genesis of high $Mg^{\#}$ andesites and the continental crust[J]. Contributions to Mineralogy & Petrology, 120(1): 1 – 19.

LEE S, OH H J, HEO C H, 2014. A case study for the integration of predictive mineral potential maps[J]. Central European Journal of Geosciences, 6(3): 373 – 392.

LI J W, ZHAO X F, ZHOU M F, et al., 2008. Origin of the Tongshankou porphyry – skarn Cu – Mo deposit, eastern Yangtze carton, Eastern China: geochronological, geochemical, Sr – Nd – Hf isotopic constraints[J]. Mineralium Deposita, 43(3): 315 – 336.

LI J W, VASCONCELOS P M, ZHOU M F, et al., 2014. Longevity of magmatic – hydrothermal systems in the Daye Cu – Fe – Au District, eastern China with implications for mineral exploration[J]. Ore Geology Reviews, 57: 375 – 392.

LI J W, ZHAO X F, ZHOU M F, et al., 2009. Late Mesozoic magmatism from the Daye region, eastern China: U – Pb ages, petrogenesis, and geodynamic implications[J]. Contributions to Mineralogy and Petrology, 157(3): 383 – 409.

LI X H, LI W X, WANG X C, et al., 2010. SIMS U – Pb zircon geochronology of porphyry Cu – Au –(Mo) deposits in the Yangtze River Metallogenic Belt, eastern China: magmatic response to early Cretaceous lithospheric extension [J]. Lithos, 119 (3/4): 427 – 438.

LI X H, YUAN F, ZHANG M M, et al., 2015. Three – dimensional mineral prospectivity modeling for targeting of concealed mineralization within the Zhonggu iron orefield, Ningwu Basin, China[J]. Ore Geology Reviews, 71: 633 – 654.

LIANG H Y, CAMPLELL H I, ALLEN C, et al., 2006. Zircon Ce^{4+}/Ce^{3+} ratios, ages for Yulong ore-bearing porphyries in eastern Tibet[J]. Mineralium Deposita, 41(2): 152-159.

LIU X M, LUO Z Q, YANG B, et al., 2012. Visible calculation of mining index based on stope 3D surveying and block modeling[J]. International Journal of Mining Science and Technology, 22(2): 139-144.

MANIAR P D, PICCOLI P M, 1989. Tectonic discrimination of granitoids[J]. Geological Society of America Bulletin, 101(5): 635-643.

MCCAMMON R B, BOTBOL J M, SINDING-LARSEN R, et al., 1983. Characteristic analysis 1981: final program and a possible discovery[J]. Journal of the International Association for Mathematical Geology, 15(1): 59-83.

MEINERT L D, DIPPLE G M, NICOLESCU S, 2005. World skarn deposits [M]// HEDENQUIST J W, THOMPSON J F H, GOLDFARB R J, et al. Economic Geology 100th Anniversary Volume 1905-2005. Amsterdam: Elsevier Science Publishers B. V.: 299-336.

MIDDLEMOST E A K, 1994. Naming materials in the magma/igneous rock system [J]. Earth and Planetary Science Letter, 37(3/4): 215-224.

NIELSEN S, CUNNINGHAM F, HAY R et al., 2015. 3D prospectivity modelling of orogenic gold in the Marymia Inlier, Western Australia [J]. Ore Geology Reviews, 71: 578-591.

OH H J, LEE S, 2010. Application of artificial neural network for gold-silver deposits potential mapping: a case study of Korea[J]. Natural Resources Research, 19(2): 103-124.

PAYNE C E, CUNNINGHAM F, PETERS K J, et al., 2015. From 2D to 3D: prospectivity modelling in the Taupo Volcanic Zone, New Zealand[J]. Ore Geology Reviews, 71: 558-577.

RICHTER F M. 1989. Simple models for trace element fractionation during melt segregation[J]. Earth and Planetary Science Letters, 77(3/4): 333-344.

SUN S S, MCDONOUGH W F, 1989. Chemical and isotopic systematics of oceanic basalts: implications for mantle composition and processes[J]. Geological Society, London, Special Publications, 42(1): 313-345.

SUN W D, LIANG H Y, LING M, et al., 2013. The link between reduced porphyry copper deposits and oxidized magmas[J]. Geochimica et Cosmochimica Acta, 103: 263-275.

WANG Q, WYMAN D A, XU J F, et al., 2007. Early Cretaceous adakitic granites in the Northern Dabie Complex, central China: implications for partial melting and delamination of thickened lower crust[J]. Geochimica et Cosmochimica Acta, 71(10): 2609-2636.

XIE G Q, MAO J W, ZHAO H J, et al., 2012. Zircon U-Pb and phlogopite ^{40}Ar-^{39}Ar age of the Chengchao and Jinshandian skarn Fe deposits, southeast Hubei Province, Middle-Lower Yangtze River Valley metallogenic belt, China[J]. Mineralium Deposita, 47(6): 633-652.

XIE G Q, MAO J W, LI R L, BIERLEIN F P, 2008. Geochemistry, Nd-Sr isotopic studies of Late Mesozoic granitoids in the southeastern Hubei Province, Middle-Lower Yangtze River belt, Eastern China: petrogensis, tectonic setting[J]. Lithos, 104(1/4): 216-230.

XIE G Q, MAO J W, ZHU Q Q, et al. , 2015. Geochemical constraints on Cu – Fe and Fe skarn deposits in the Edong district, Middle – Lower Yangtze River metallogenic belt, China[J]. Ore Geology Reviews, 64: 425 – 444.

XIE G Q,MAO J W,LI X W,et al. ,2011b. Late Mesozoic bimodal volcanic rocks in the Jinniu basin,Middle – Lower Yangtze River Belt (YRB), East China: age, petrogenesis and tectonic implications[J]. Lithos,127(1/2):144 – 164.

XIE G Q,MAO J W,ZHAO H J,2011a. Zircon U – Pb geochronological and Hf isotopic constraints on petrogenesis of Late Mesozoic intrusions in the southeast Hubei Province, Middle – Lower Yangtze River belt (MLYRB),East China[J]. Lithos,125(1/2):693 – 710.

XIE G Q,MAO J W,ZHAO H J,et al. ,2011c. Timing of skarn deposit formation of the Tonglüshan ore district,southeastern Hubei Province,Middle – Lower Yangtze River Valley metallogenic belt and its implications[J]. Ore Geology Reviews,43(1):62 – 77.

XU J F, SHINJIO R, DEFANT M J, et al. , 2002. Origin of Mesozoic adakitic intrusive rocks in the Ningzhen area of east China: evidence of partial melting of delaminated lower continental crust[J]. Geology, 30(12): 1111 – 1114.

XU W,HERGT J M,GAO S, et al. , 2008. Interaction of adakitic melt – peridotite: implications for the high – $Mg^{\#}$ signature of Mesozoic adakitic rocks in the eastern North China Craton[J]. Earth and Planetary Science Letters, 265(1/2): 123 – 137.

YAN J, CHEN J F, XU X S, 2008. Geochemistry of Cretaceous mafic rocks from the Lower Yangtze region, eastern China: characteristics, evolution of the lithospheric mantle [J]. Journal of Asian Earth Sciences, 33(3/4): 177 – 193.

YUAN F,LI X H,ZHANG M M,et al. ,2014. Three – dimensional weights of evidence – based prospectivity modeling: a case study o the Baixiangshan mining area, Ningwu Basin, Middle and Lower Yangtze Metallogenic Belt, China[J]. Journal of Geochemical Exploration,145:82 – 97.

YUAN S D, PENG J T, HAO S, et al. , 2011. In – situ LA – MC – ICP – MS and ID – TIMS U – Pb geochronology of cassiterite in the giant Furong tin deposit, Hunan Province, South China: new constraints on the timing of tin polymetallic mineralization[J]. Ore Geology Review, 43(1), 235 – 24.

ZHAO H J,XIE G Q,WEI K T,et al. ,2012. Mineral compositions and fluid evolution of the Tonglushan skarn Cu – Fe deposit,SE Hubei,east – central China[J]. International Geology Reviews,54(7):737 – 764.